U0626612

高等学校机电工程类系列教材

电工实训指导书(含实训报告)

主　编　余旭丽

副主编　李彧雯　李恩旻

西安电子科技大学出版社

内 容 简 介

本书是一本电工基本技能实训指导书，着力于在帮助读者掌握电工安全常识和必备用电基本知识的基础上，强化基本技能训练，使读者掌握处理紧急用电事故的技能，并能运用所学知识完成简单的电工、电气技能工作，为在今后生活、工作中正确运用电工知识，完成电工基本操作打下基础。

全书分为十章，内容包括电工安全知识、电工工具(用具)、导线的连接和绝缘的恢复、常用电工仪表、电气照明与内线工程、照明线路安装及电工仪表测量实训、电气布线与电动机简介、常用低压电器、常用电力拖动与机床电路以及电气识图。

本书可供应用型本科机电类专业学生使用，也可作为“一专多能”的实训教材，还可供各类职业院校的实践指导教师和从事电气工作的工程人员参考。

图书在版编目(CIP)数据

电工实训指导书/余旭丽主编. —西安：西安电子科技大学出版社，2016.9(2023.7 重印)
ISBN 978-7-5606-4158-4

Ⅰ. ① 电… Ⅱ. ① 余… Ⅲ. ① 电工技术—高等学校—教学参考资料 Ⅳ. ① TM

中国版本图书馆 CIP 数据核字(2016)第 205788 号

责任编辑 马 琼 陈 婷 吴祯娥
出版发行 西安电子科技大学出版社(西安市太白南路 2 号)
电　　话 (029)88202421 88201467 邮　　编 710071
网　　址 www.xduph.com 电子邮箱 xdupfxb001@163.com
经　　销 新华书店
印刷单位 广东虎彩云印刷有限公司
版　　次 2016 年 9 月第 1 版 2023 年 7 月第 4 次印刷
开　　本 880 毫米×1230 毫米 1/16 印 张 10
字　　数 250 千字
印　　数 6301～7300 册
定　　价 26.00 元(含实训报告)
ISBN 978-7-5606-4158-4/TM
XDUP 4450001-4

前　　言

实验实训教学是高等学校教学的重要组成部分，是工程应用型本科教育培养工程应用型人才的重要手段。充分利用实验实训教学环节的平台，加强对学生动手能力和应用能力的培养，深化应用型人才培养模式的改革，是高校实验实训教学的主旨。为适应本科应用型人才培养的目标，应加大实践教学改革的力度，实行电工实训教学，特别应强调学生自己动手操作、自主探索、合作交流，使学生通过实践进行发现、尝试、总结，实现知识与技能、过程与方法、情感与态度的结合，充分发挥其主体性。基于这个理念，针对市面上主流的电工实训装置，设计了相应的实训实验，而本书正是与之相配套的指导书。

本书采用单元训练的模式，以基本操作为切入点，突出机电类专业知识学习注重系统训练的特点。全书共分为十章，内容包括电工安全知识、电工工具(用具)、导线的连接和绝缘的恢复、常用电工仪表、电气照明与内线工程、照明线路安装及电工仪表测量实训、电气布线与电动机简介、常用低压电器、常用电力拖动与机床电路以及电气识图。

本书可供应用型本科机电类专业学生使用，也可作为“一专多能”的实训教材，还可供各类职业院校的实践指导教师和从事电气工作的工程人员参考。

本书在编写过程中参考和借鉴了国内外有关维修电工和电气综合训练等方面的书籍、报纸、杂志和相关网站的资料，在此一并向相关人员表示感谢！

由于编者水平有限，书中难免有不妥和疏漏之处，敬请读者批评指正。

编　者

2016 年 4 月

目　　录

第一章　电工安全知识

电是现代化生产和生活中不可缺少的重要能源，但电本身具有一定的危险性，若用电不慎，就可能造成电源中断、设备损坏、人身伤亡，将给生产和生活造成很大的影响，因此安全用电具有特别重要的意义。

第一节　有关触电的基本知识

一、触电的类型

触电是指人体触及带电体后，电流对人体造成的伤害。它有两种类型，即电击和电伤。

(一) 电击

电流通过人体内部会造成电击，电击可能破坏人体的内部组织，影响呼吸系统、心脏及神经系统的正常功能，甚至危及生命。电击致伤的部位主要在人体内部，它可以使肌肉抽搐、内部组织损伤，造成发热、发麻、神经麻痹等症状，严重时将引起昏迷、窒息，甚至导致心脏停止跳动。数十毫安的工频电流就可使人遭到致命电击。人们通常所说的触电就是指电击，大部分触电死亡事故都是由电击造成的。

(二) 电伤

电伤是指由电流的热效应、化学效应、机械效应及电流本身作用造成的人体伤害。电伤会在人体皮肤表面留下明显的伤痕，常见的有灼伤、烙伤和皮肤金属化等现象。

在触电事故中，电击和电伤常会同时发生。

二、电流对人体的伤害作用

电流对人体的伤害是电气事故中最主要的事故之一。它的伤害是多方面的，其热效应会造成电灼伤、化学效应会造成电烙印和皮肤金属化，它产生的电磁场对人体辐射，会导致头晕、乏力和神经衰弱等。电流对人体的伤害程度与通过人体电流的大小、种类、频率、持续时间、通过人体的路径及人体电阻的大小等因素有关。

(一) 电流大小对人体的影响

通过人体的电流越大，人体的生理反应越明显，感觉越强烈，从而引起心室颤动所需的时间越短，致命的危险性就越大。对工频交流电，按照通过人体的电流大小和人体呈现的不同状态，可将其划分为下列三种：

(1) 感知电流：是指能够引起人体感知的最小电流。实验表明，成年男性平均感知电流有效值约为 1.1 mA，成年女性约为 0.7 mA。感知电流一般不会对人体造成伤害，但是电流增大时，感知增强，反应变大，如若触电者在高处，可能造成坠落等间接事故。

(2) 摆脱电流：人触电后能自行摆脱电源的最大电流称为摆脱电流。一般成年男性的平均摆脱电流约为 16 mA，成年女性约为 10 mA，儿童的摆脱电流较成年人小。摆脱电流是人体可以忍受而一般不会造成危险的电流。若通过人体的电流超过摆脱电流且时间过长，就会造成昏迷、窒息，甚至死亡。因此在接触摆脱电流后，人体摆脱电源的能力随时间的延长而降低。

(3) 致命电流：是指在较短时间内危及生命的最小电流。当电流达到 50 mA 以上就会引起心室颤动，使人有生命危险；100 mA 以上则足以致死；而 30 mA 以下的电流通常不会导致生命危险。

不同的电流对人体的影响如表 1-1 所示。

表 1-1　电流对人体的影响

电流/mA	交流电(50 Hz)		直　流　电
	通电时间	人 体 反 应	人 体 反 应
0～0.5	连续	无感觉	无感觉
0.5～5	连续	有麻刺、疼痛感，无痉挛	无感觉
5～10	数分钟内	痉挛、剧痛，但可摆脱电源	有针刺、压迫及灼热感
10～30	数分钟内	迅速麻痹，呼吸困难，不能自由行动	压痛、刺痛，灼热，强烈抽搐
30～50	数秒至数分钟	心跳不规则，昏迷，强烈痉挛	感觉强烈，有剧痛，痉挛
50～100	超过 3 s	心室颤动，呼吸麻痹，心脏麻痹而停跳	剧痛，强烈痉挛，呼吸困难或麻痹

电流对人体的伤害与电流通过人体时间的长短有关。通电时间越长，因人体发热出汗和电流对人体组织的电解作用，人体电阻逐渐降低，导致通过人体电流增大，触电的危险性亦随之增加。

从避免心室颤动的观点出发，美国 IECT 根据研究结果提出了安全电压和允许通电时间的关系，如表 1-2 所示。

表 1-2　安全电压与通电时间的关系

预期接触电压/V	<50	50	75	90	110	150	220	280
最大允许通电时间/s	∞	5	1	0.5	0.2	0.1	0.05	0.03

(二) 电源频率对人体的影响

常用的 50～60 Hz 的工频交流电对人体的伤害程度最为严重。电源的频率偏离工频越远，对人体的伤害程度越轻。在直流和高频情况下，人体可以承受更大的电流，但高压高频电流对人体依然是十分危险的。

(三) 人体电阻的影响

人体电阻因人而异，基本上由表皮角质层电阻大小决定。影响人体电阻值的因素很多，皮肤状况(如皮肤厚薄、是否多汗、有无损伤、有无带电灰尘等)和触电时与带电体的接触情况(如皮肤与带电体的接触面积、压力大小等)均会影响到人体电阻值的大小。一般情况下，人体电阻值为 1000～2000 Ω。

(四) 电压大小的影响

当人体电阻一定时，作用于人体的电压越高，通过人体的电流就越大。实际上，通过人体的电流与作用于人体的电压并不成正比，这是因为随着作用于人体电压的升高，人体电阻会急剧下降，致使电流迅速增加，对人体造成严重伤害。

(五) 电流路径的影响

电流通过头部会使人昏迷而死亡；通过脊髓会导致截瘫及严重损伤；通过中枢神经或有关部位，会引起中枢神经系统失调而导致残废；通过心脏会造成心跳停止而死亡；通过呼吸系统会造成窒息。实践证明，从左手至脚是最危险的电流路径，从右手到脚、从手到手也是很危险的路径，从脚到脚是危险较小的路径。

三、常见的触电形式

(一) 单相触电

当人站在地面上或其他接地体上，人体的某一部位触及一相带电体时，电流通过人体流入大地(或中性线)，称为单相触电，如图 1-1 所示。另外，当人体距离高压带电体小于规定的安全距离时，将发生高压带电体对人体放电，造成触电事故，也称单相触电。单相触电的危险程度与电网运行的方式有关，在中性点直接接地系统中，当人体触及一相带电体时，该相电流经人体流入大地再回到中性点，如图 1-1(a)所示。由于人体电阻远大于中性点接地电阻，电压几乎全部加在人体上。而在中性点不直接接地系统中，正常情况下电气设备对地绝缘电阻很大，当人体触及一相带电体时，通过人体的电流较小，如图 1-1(b)所示。所以在一般情况下，中性点直接接地电网的单相触电比中性点不直接接地电网的危险性大。

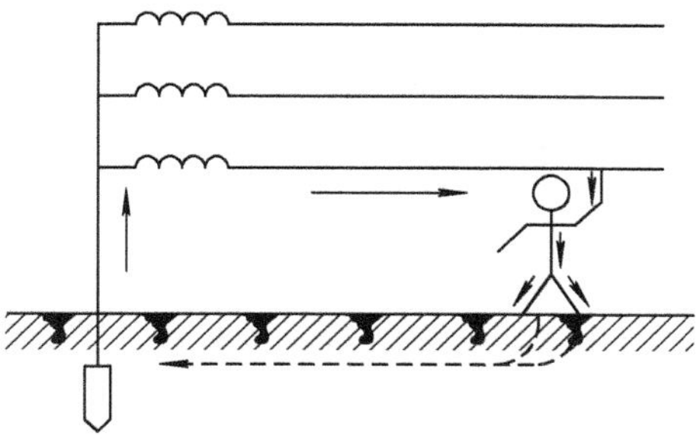
(a) 中性点直接接地

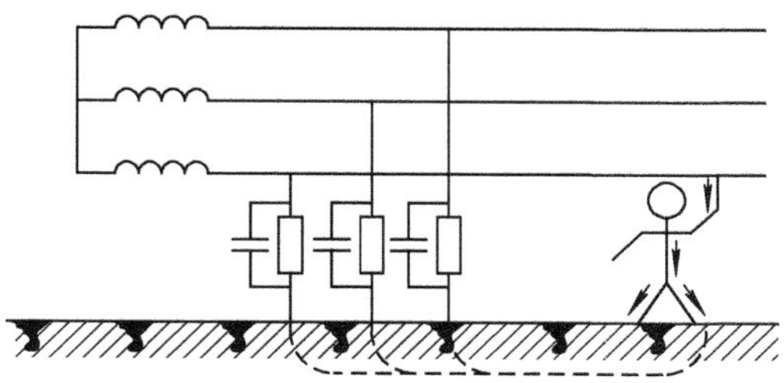
(b) 中性点不直接接地

图 1-1　单相触电

(二) 两相触电

两相触电是指人体两处同时触及同一电源的两相带电体，以及在高压系统中，人体距离高压带电体小于规定的安全距离，造成电弧放电时，电流从一相导体流入另一相导体的触电方式，如图 1-2 所示。两相触电加在人体上的电压为线电压，所以不论电网的中性点接地与否，其触电的危险性都是最大的。

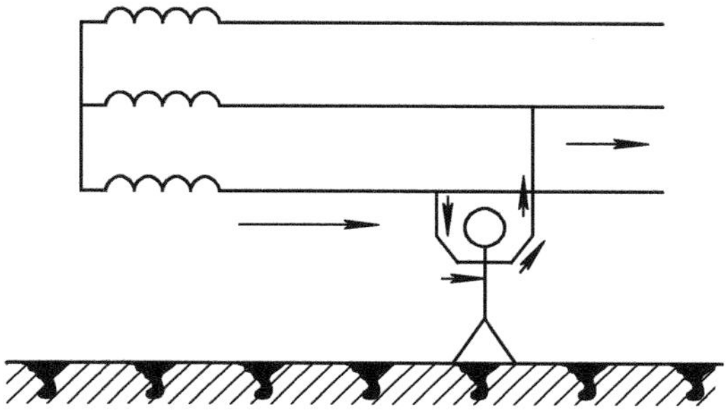

图 1-2　两相触电

(三) 跨步电压触电

当带电体接地时有电流向大地流散，在以接地点为圆心，半径为 20 m 的圆面积内形成分布电位。人站在接地点周围，两脚之间(以 0.8 m 计算)的电位差称为跨步电压 U_k，如图 1-3 所示，由此引起的触电事故称为跨步电压触电。由图 1-3 可知，跨步电压的大小取决于人体站立点与接地点的距离，距离越小，其跨步电压越大；当距离超过 20 m 时，可认为跨步电压为零，不会发生触电危险。

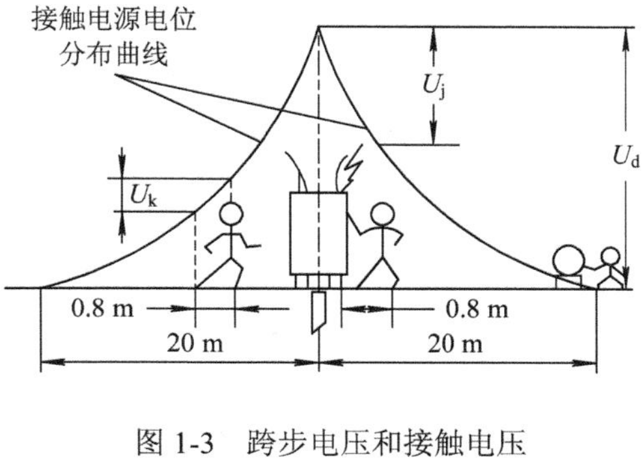

图 1-3　跨步电压和接触电压

(四) 接触电压触电

运行中的电气设备由于绝缘损坏或其他原因造成接地短路故障时，接地电流通过接地点向大地流散，会在以接地故障点为中心、20 m 为半径的范围内形成分布电位，当人体触及漏电设备外壳时，电流通过人体和大地形成回路，造成触电事故，这种触电称为接触电压触电。这时加在人体两点的电位差即接触电压 U_j(按水平距离 0.8 m、垂直距离 1.8 m 考虑)如图 1-3 所示。由图可知，接触电压值的大小取决于人体站立点的位置，距离接地点越远，则接触电压值越大；当超过 20 m 时，接触电压值为最大，等于漏电设备的对地电压值 U_d；而当人体站在接地点与漏电设备接触时，接触电压为零。

(五) 感应电压触电

当人体触及带有感应电压的设备和线路时所造成的触电事故称为感应电压触电，如一些不带电的线路由于大气变化(如雷电活动)会产生感应电荷。此外，停电后一些可能感应电压的设备和线路未接临时地线，这些设备和线路对地均存在感应电压。

(六) 剩余电荷触电

剩余电荷触电是指当人体触及带有剩余电荷的设备时，带有电荷的设备对人体放电造成的触电事故。设备带有剩余电荷，通常是由于检修人员在检修中摇表测量停电后的并联电容器、电力电缆、电力变压器及大容量电动机等设备时，检修前、后没有对其充分放电所造成的。此外，并联电容器因其电路发生故障而不能及时放电，退出运行后又未人工放电，也会导致电容器的极板上带有大量的剩余电荷。

四、安全用电的措施

电既能造福于人类，也可能因使用不慎而危害生命和财产安全，所以用电过程中，必须特别注意电气安全。要防止触电事故的发生，应在思想上高度重视，健全规章制度和完善各种技术措施。

(一) 组织措施

(1) 在电气设备的设计、制造、安装、运行、使用、维护以及专用保护装置的配置等环节中，要严格遵守国家规定的标准和法规。

(2) 加强安全教育，普及安全用电知识。对从事电气工作的人员，应加强教育、培训和考核，以增强安全意识和防护技能，杜绝违章操作。

(3) 建立健全的安全规章制度，如安全操作规程、电气安装规程、运行管理规程、维护检修制度等，并在实际工作中严格执行。

(二) 技术措施

1. 停电工作中的安全措施

在线路上作业或检修设备时，应在停电后进行，并采取下列安全技术措施：

(1) 切断电源。切断电源必须按照停电操作顺序进行，来自各方面的电源都要断开，并保证各电源有一个明显断点。对多回路的线路，要防止从低电压侧反送电。

(2) 验电。停电检修的设备或线路，必须验明电气设备或线路无电后，才能确认无电，否则应视为有电。验电时，应选用电压等级相符、经试验合格且在试验有效期内的验电器对检修设备的进出线两侧各相分别验电。确认无电后方可工作。

(3) 装设临时地线。对于可能送电到正在检修的设备或线路，以及可能产生感应电压的地方，都要装设临时地线。装设临时地线时，应先接好接地端，在验明电气设备或线路无电后，立即接到被检修的设备或线路上，拆除时与之相反。操作人员应戴绝缘手套，穿绝缘鞋，人体不能触及临时接地线，并有人监护。临时接地线应使用导线截面积不小于 2.5 mm^2 的多股软裸铜绞线。严禁使用不符合规定的导线作接地和短路之用。

(4) 悬挂警告牌。停电工作时，对一经合闸即能送电到检修设备或线路开关和隔离开关的操作手柄，要在其上面悬挂“禁止合闸，线路有人工作”的警告牌，必要时派专人监护或加锁固定。

2. 带电工作中的安全措施

在一些特殊情况下必须带电工作时，应严格按照带电工作的安全规定进行：

(1) 在低压电气设备或线路上进行带电工作时，应使用合格的、有绝缘手柄的工具，穿绝缘鞋，戴绝缘手套，并站在干燥的绝缘物体上，同时派专人监护。

(2) 对工作中可能碰触到的其他带电体及接地物体，应使用绝缘物隔开，防止相间短路和接地短路。

(3) 检修带电线路时，应分清相线和地线。断开导线时，应先断开相线，后断开地线；搭接导线时，应先接地线，后接相线。接相线时，应将两个线头搭实后再行缠接，切不可使人体或手指同时接触两根线。

(4) 高、低压线同杆架设时，检修人员离高压线的距离要符合安全距离，如表1-3所示。

表1-3　安全距离

电压等级/kV	安全距离/m
15以下	0.70
20～35	1.00
44	1.20
60～100	1.50

3. 电气设备安全措施

对电气设备还应采取下列一些安全措施：

(1) 电气设备的金属外壳要采取保护接地或接零。

(2) 安装自动断电装置。对电气设备除了传统的接地、接零保护以外，还可装设具有自动断电的保护装置，这是一种新型用电安全措施。自动断电装置有漏电保护、过流保护、过压或欠压保护、短路保护等功能。当带电线路、设备发生故障或触电事故时，自动断电装置应能在规定时间内自动切除电源，起到保护人身和设备安全的作用。

(3) 尽可能采用安全操作电压。为了保障操作人员的生命安全，各国都规定了安全操作电压。所谓安全操作电压(安全电压)是指人体较长时间接触带电体而不发生触电危险的电压，其数值与人体可承受的安全电流及人体电阻有关。国际电工委员会(IEC)规定安全电压限定值为50 V。我国安全电压规定：对50～500 Hz的交流电压，安全额定值(有效值)为42 V、36 V、24 V、12 V、6 V五个等级，供不同场合选用，还规定安全电压在任何情况下均不得超过50 V有效值。当电器设备采用大于24 V的安全电压时，必须有防止人体直接触及带电体的保护措施。

根据这一规定，凡手提式照明灯、机床工作台局部照明、高度不超过2.5 m的照明灯，要采用36 V安全电压；在潮湿、易导电的地沟或金属容器内工作时，行灯应采用12 V电压；某些继电器保护回路、指示灯回路和控制回路也应采用安全电压。

安全电压的电源必须采用双绕组的隔离变压器，严禁用自耦变压器提供低压。使用隔离变压器时，一、二次侧绕组必须加装短路保护装置，并设明显标志。

(4) 保证电气设备具有良好的绝缘性能。用绝缘材料把带电体封装起来，对一些携带式电气设备和电动工具(如电钻等)，还须采用工作绝缘和保护绝缘的双重绝缘措施，以提高绝缘性能。电气设备具有良好的绝缘性能是保证电气设备和线路正常运行的必要条件，也是防止触电的主要措施。

(5) 采用电气安全用具。电气安全用具分为基本安全用具和辅助安全用具，其作用是把人与大地或设备外壳隔离开来。基本安全用具是操作人员操作带电设备时必需的用具，其绝缘必须足以承受电气设备的工作电压。辅助安全用具的绝缘不足以完全承受电气设备的工作电压，但操作人员使用它，可使人身安全有进一步的保障，例如绝缘手套、绝缘靴、绝缘垫、绝缘站台、验电器、临时接地线及警告牌等。

(6) 设立屏护装置。为了防止人体直接接触带电体，常采用一些屏护装置(如遮栏、护罩、护套和栅栏等)将带电体与外界隔开。屏护装置须有足够的机械强度和良好的耐热、耐火性能。若使用金属材料制作屏护装置，应妥善接地或接零。

(7) 保证人或物与带电体的安全距离。为防止人或车辆等移动设备触及或过分接近带电体，在带电体与地面之间、带电体与带电体之间、带电体与其他设备之间应保持一定的安全距离。距离多少取决于电压的高低、设备类型的安装方式等因素。

(8) 定期检查用电设备。为保证用电设备的正常运行和操作人员的安全，必须对用电设备进行定期检查，进行耐压试验。对有故障的电气线路、电气设备要及时检修，确保安全运行。

以上安全措施，对防止触电事故和电气设备安全运行是非常重要的。

第二节 触电急救知识

一、触电急救

一旦发生触电事故，就应立即组织人员急救。急救时必须做到沉着果断、动作迅速、方法正确。首先要尽快地使触电者脱离电源，然后根据触电者的具体情况采取相应的急救措施。

(一) 脱离电源

1. 脱离电源的方法

应根据出事现场情况，采取正确的方法脱离电源，这是保证急救工作顺利进行的前提，具体包括：

(1) 拉闸断电或通知有关部门立即停电。

(2) 出事地附近有电源开关或插头时，应立即断开开关或拔掉电源插头以切断电源。

(3) 若电源开关远离出事地时，可用绝缘钳或干燥木柄斧子切断电源。

(4) 当电线搭落在触电者身上或被压在身下时，可用干燥的衣服、手套、绳索、木棒等绝缘物作救护工具，拉开触电者或挑开电线，使触电者脱离电源；或用干木板、干胶木板等绝缘物插入触电者身下，隔断电源。

(5) 抛掷裸金属导线，使线路短路接地，迫使保护装置动作，断开电源。

2. 脱离电源时的注意事项

在帮助触电者脱离电源时，不仅要保证触电者安全脱离电源，而且还要保证现场其他人员的生命安全。为此，应注意以下几点：

(1) 救护者不得直接用手或其他金属及潮湿的物件作为救护工具，最好采用单手操作，以防止自身触电。

(2) 防止触电者摔伤。触电者脱离电源后，肌肉不再受到电流刺激，会立即放松而摔倒，造成外伤，特别是在高空更危险，故在切断电源时，须同时有相应的保护措施。

(3) 如事故发生在夜间，应迅速准备临时照明用具。

(二) 现场急救

触电者脱离电源后，应及时对其进行诊断，然后根据其受伤害的程度，采取相应的急救措施。

1. 简单诊断

把脱离电源的触电者迅速移至通风干燥的地方，使其仰卧，并解开其上衣和腰带，然后对触电者进行诊断。

(1) 观察呼吸情况：看其是否有胸部起伏的呼吸运动或将面部贴近触电者口鼻处感觉有无气流呼出，以判断是否有呼吸。

(2) 检查心跳情况：摸一摸颈部的颈动脉或腹股沟处的股动脉有无搏动，将耳朵贴在触电者左侧胸壁乳头内侧二横指处，听一听是否有心跳的声音，从而判断心跳是否停止。

(3) 检查瞳孔：当处于假死状态时，大脑细胞严重缺氧，处于死亡边缘，瞳孔自行放大，对外界光线强弱无反应。可用手电照射瞳孔，看其是否回缩，以判断触电者的瞳孔是否放大。

2. 现场急救的方法

触电者脱离电源后，除进行上述简单诊断外，还应迅速采取相应的急救措施，同时向附近医院告急求救。急救措施主要有：

(1) 若触电者神志清醒，但有些心慌，四肢发麻，全身无力，或触电者在触电过程中一度昏迷，但已清醒过来，应使触电者保持安静，解除恐慌，不要走动并请医生前来诊治或送往医院。

(2) 若触电者已失去知觉，但心脏跳动和呼吸还存在，应让触电者在空气流动的地方，舒适、安静地平卧，解开衣领便于呼吸。如天气寒冷，应注意保温，必要时闻氨水，摩擦全身使之发热，并迅速请医生到现场治疗或送往医院。

(3) 若触电者有心跳而呼吸停止，应采用“口对口人工呼吸法”进行抢救。

(4) 若触电者有呼吸而心脏停止跳动，应采用“胸外心脏挤压法”进行抢救。

(5) 若触电者呼吸和心跳均停止，应同时采用“口对口人工呼吸法”和“胸外心脏挤压法”进行抢救。

应当注意，急救要尽快进行，即使在送往医院的途中也不能停止急救。抢救人员还需有耐心，有些触电者需要进行数小时，甚至数十小时的抢救，方能苏醒。此外不能给触电者打强心针、泼冷水或压木板等。

二、急救技术

(一) 口对口人工呼吸法

口对口人工呼吸法是触电急救行之有效的科学方法，具体的步骤及方法如下：

(1) 使触电者仰卧，迅速解开其衣领和腰带。

(2) 将触电者头偏向一侧，掰开其嘴，清除口腔中的假牙、血块、食物、粘液等异物，使其呼吸道畅通。

(3) 救护者站在触电者的一边，使触电者头部后仰，一只手捏紧触电者的鼻子，一只手托在触电者颈后，将颈部上抬，然后深吸一口气，用嘴紧贴触电者嘴，大口吹气，接着放松触电者的鼻子，让气体从触电者肺部排出。按照上述方法，连续不断地进行，每 5 s 吹气一次，直到触电者苏醒为止，如图 1-4 所示。

对儿童施行此法，不必捏鼻。如开口有困难，可以紧闭其嘴唇，对准鼻孔吹气(即口对鼻人工呼吸法)，效果相似。

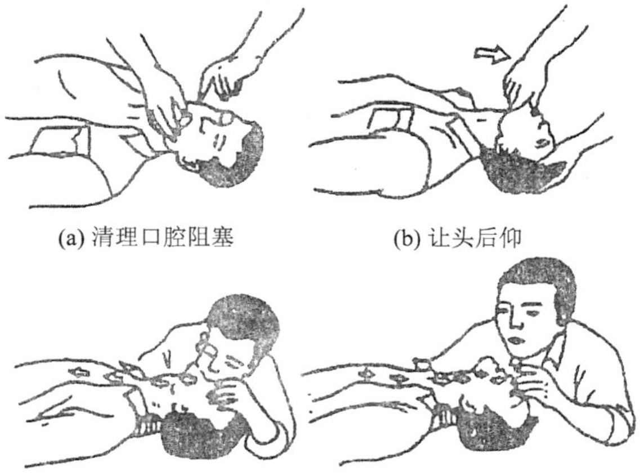

(a) 清理口腔阻塞　(b) 让头后仰

(c) 贴嘴吹气　(d) 放开嘴鼻换气

图 1-4　口对口人工呼吸法示意图

(二) 胸外心脏挤压法

胸外心脏挤压法步骤如下：

(1) 将触电者放直仰卧在比较坚实的地方(如木板、硬地等)，颈部枕垫软物使其头部稍后仰，松开衣领和腰带，抢救者跪跨在触电者腰部两侧，如图 1-5(a)所示。

(2) 抢救者将右手掌放在触电者胸骨下 1/2 处，中指指尖对准其颈部凹陷的下端，左手掌复压在右手背上，如图 1-5(b)所示。

(3) 抢救者凭借自身重量向下用力挤压 3～4 cm，突然松开，如图 1-5(c)和图 1-5(d)所示。挤压和放松的动作要有节奏，每秒钟进行一次，不可中断，直至触电者苏醒为止。

采用此种方法，挤压定位要准确，用力要适当，用力过猛，会给触电者造成内伤；用力过小，会使挤压无效。对儿童进行挤压抢救时更要慎重，每分钟宜挤压 100 次左右。

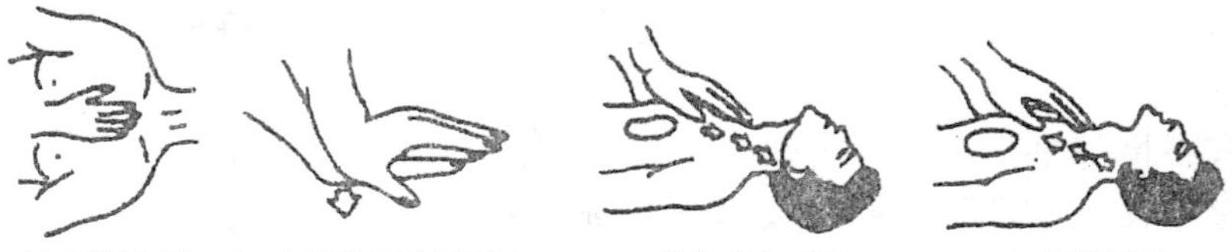

(a) 手掌位置　(b) 左手掌压右手背上　(c) 掌根用力下压　(d) 突然松开

图 1-5　胸外心脏挤压法

第三节　接 地 装 置

接地是一种利用大地为正常运行、发生故障及遭受雷击等情况下的电气设备提供对地电流构成回路，从而保证电气设备和人身安全的措施。因此，所有电气设备或装置的某一点(接地点)与大地之间都有着可靠而符合技术要求的电气连接。

一、基本概念

(一) 接地装置、接地体、接地线

接地装置由接地体和接地线组成，如图 1-6 所示。接地体是埋入地中并和大地直接接触的导体组，它又分为自然接地体和人工接地体。自然接地体是利用与大地有可靠连接的金属管道和建筑物的金属结构作为接地体；人工接地体是利用钢材制成不同形状打入地下而形成的接地体。电气设备接地部分与接地体相连的金属导体称为接地线。

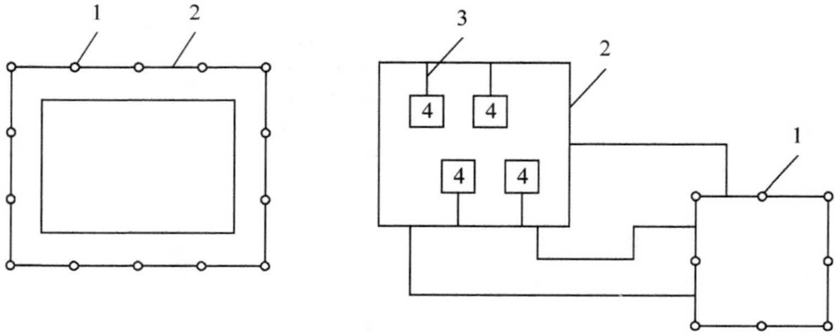

(a) 回路式　　(b) 外引式

1—接地体；2—接地干线；3—接地支线；4—电气设备

图 1-6　接地装置示意图

(二) 接地短路与接地短路电流

运行中的电气设备或线路因绝缘损坏或老化使其带电部分通过电气设备的金属外壳或架构与大地直接短路时，称为接地短路。发生接地短路时，由接地故障点经接地装置而流入大地的电流，称为接地短路电流(接地电流)I_d。

(三) 接地装置的散流现象

当运行中的电气设备发生接地短路故障时，接地电流 I_d 通过接地体以半球面形状向大地流散，形成流散电场。由于球面积与半径的平方成正比，所以半球形的面积随着远离接地体而迅速增大，因此与半球面积对应的土壤电阻随着远离接地体而迅速减小，至离接地体 20 m 处半球面积已相当大，土壤电阻已小到可以忽略不计。就是说，距接地体 20 m 以外，电流不再产生电压降，或者说该处的电位已降为零。通常将电位等于零的地方称为电气“地”。

运行中的电气设备发生接地短路故障时，电气设备的金属外壳、接地体、接地线与零电位之间的电位差，称为电气设备接地时的对地电压。接地的散流现象及地面各类电位的分布如图 1-7 所示。

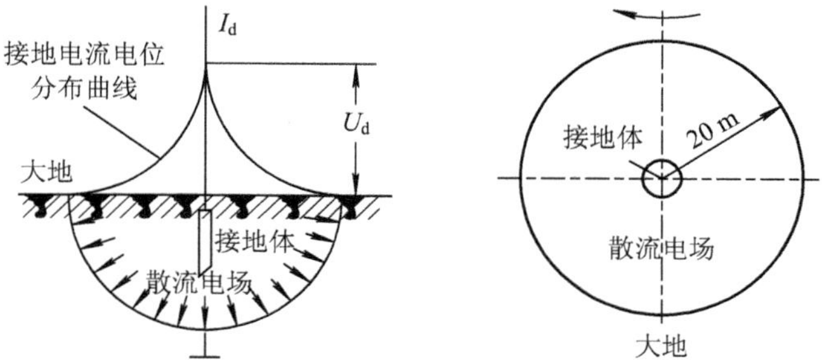

图 1-7　地中电流和对地电压

(四) 散流电阻、接地电阻、工频接地电阻和冲击接地电阻

接地线电阻和接地体对地电阻的总和称为接地装置的接地电阻。

接地体的对地电压与接地电流之比值称为散流电阻。

电气设备接地部分的对地电压与接地电流之比，即为接地电阻。由于接地线和接地体本身电阻很小，可忽略不计，故一般认为接地电阻就是散流电阻。

工频电流流过接地装置时呈现的电阻称为工频接地电阻。

当有冲击电流(如雷击的电流值很大，为几十至几百千安培，时间很短，为 3～6 μs)通过接地体流入大地时，土壤即被电离，此时求得的接地电阻为冲击接地电阻。任一接地体的冲击接地电阻都比工频接地电阻小。

(五) 中性点与中性线

在星形连接的三相电路中，其中三个绕组连在一起的点称为三相电路的中性点。由中性点引出的线称为中性线，如图 1-8 所示。

(六) 零点与零线

当三相电路中性点接地时，该中性点称为零点。此时，由零点引出的线称为零线，如图 1-9 所示。

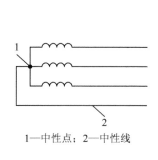

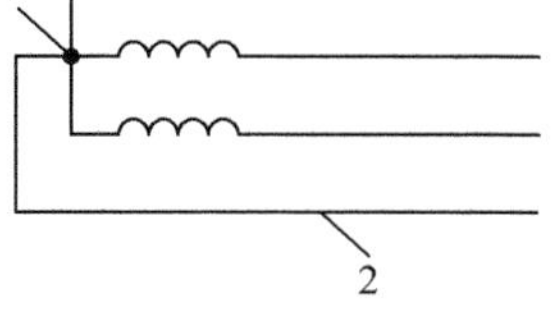

1—中性点；2—中性线

图 1-8　中性点与中性线

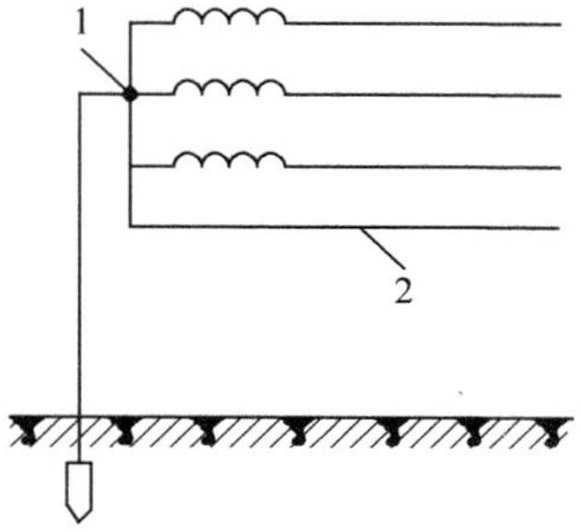

1—零点；2—零线

图 1-9　零点与零线

二、电气设备接地的种类

(一) 工作接地

为了保证电气设备的正常工作，将电路中的某一点通过接地装置与大地可靠地连接起来就称为工作接地。如变压器低压侧的中性点、电压互感器和电流互感器的二次侧某一点接地等，其作用是为了降低人体的接触电压。

(二) 保护接地

保护接地就是电气设备在正常情况下不带电的金属外壳以及与它连接的金属部分与接地装置作良好的金属连接。

1. 保护接地原理

在中性点不直接接地的低压系统中，带电部分意外碰壳时，接地电流 I_d 通过人体和电网与大地之间的电容形成回路，此时流过故障点的接地电流主要是电容电流。当电网对地绝缘正常时，此电流不大；如果电网分布很广，或者电网绝缘性能显著下降，这个电流可能上升到危险程度，造成触电事故，如图 1-10(a)所示。图中 R_r 为人体电阻，R_b 为保护接地电阻。

为避免上述可能出现的危险，可采用图 1-10(b)所示的保护接地措施。这时通过人体的电流仅是全部接地电流 I_d 的一部分 I_r。由于 R_b 与 R_r 是并联关系，在 R_r 一定的情况下，接地电流 I_d 主要取决于保护接地电阻 R_b 的大小，只要适当控制 R_b 的大小(应在 4 Ω 以下)即可以把接地电流 I_d 限制在安全范围以内，保证操作人员的人身安全。

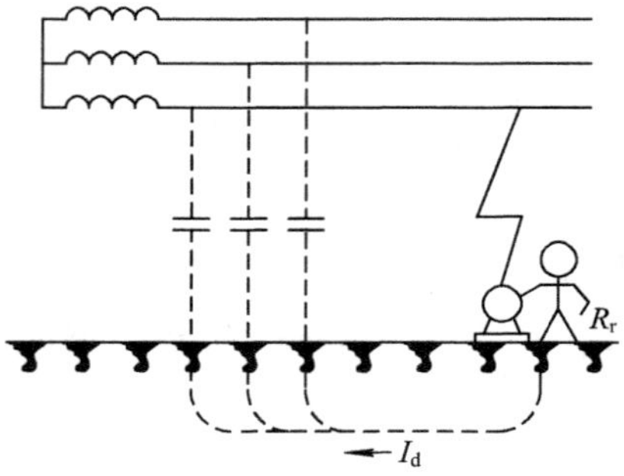

(a) 不接地的危险

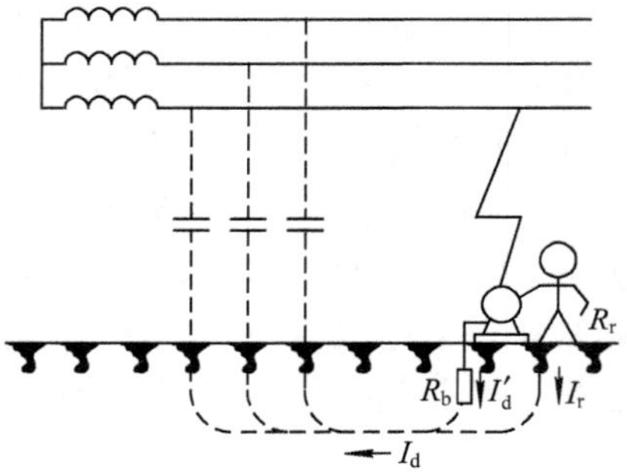

(b) 接地后的情形

图 1-10　保护接地原理

2. 保护接地的应用范围

保护接地适用于中性点不直接接地的电网，在这种电网中，在正常情况下与带电体绝缘的金属部分不会产生感应电压，一旦绝缘损坏漏电，感应电压就会造成人员触电，除有特殊规定外均应保护接地。应采取保护接地的设备有：

(1) 电机、变压器、照明灯具、携带式及移动式用电器具的金属外壳和底座。

(2) 电器设备的传动机构。

(3) 室内外配电装置的金属构架，靠近带电体部分的金属围栏和金属门，以及配电屏、箱、柜和控制屏、箱、柜的金属框架。

(4) 互感器的二次线圈。

(5) 交、直流电力电缆的接线盒，终端盒的金属外壳和电缆的金属外皮。

(6) 装有避雷线的电力线路的杆和塔。

(三) 保护接零

所谓保护接零，就是在中性点直接接地系统中，把电气设备正常情况下不带电的金属外壳以及与它相连接的金属部分与电网中的零线作紧密连接，可起到有效地保护人身和设备安全的作用。

1. 保护接零原理

在中性点直接接地系统中，当某相绝缘损坏碰壳短路时，通过设备外壳形成该相对零线的单相短路，短路电流 I_d 能使线路上的保护装置(如熔断器、低压断路器等)迅速动作，从而把故障部分的电源断开，消除触电危险，如图 1-11 所示。

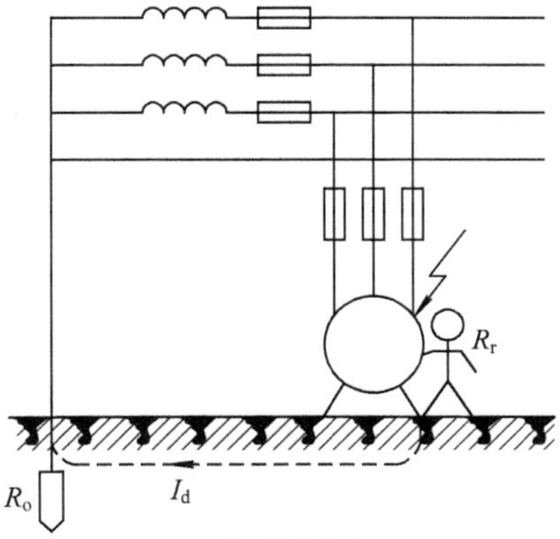

(a) 未接零情形

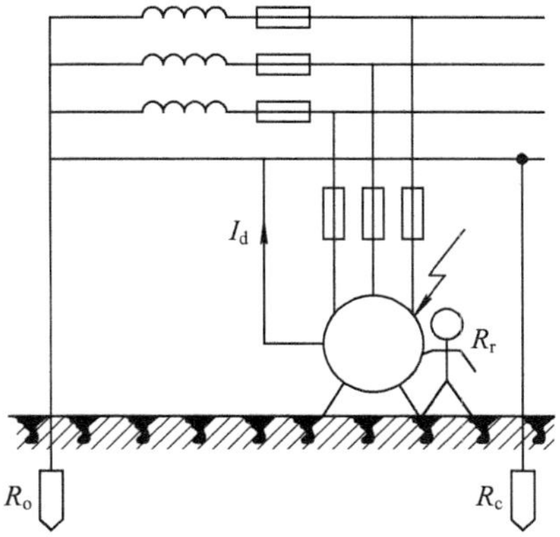

(b) 接零后情形

图 1-11　保护接零原理

2. 保护接零系统安全技术措施

重复接地是保护接零系统中不可缺少的安全技术措施。所谓重复接地，是指三相四线制的零线一处或多处经接地装置与大地再次连接。重复接地的接地电阻不应大于 10 Ω，用于 1 kV 以下的接零系统中，其优势如下：

(1) 降低漏电设备的对地电压：对采用保护接零的电气设备，当其带电部分碰壳时，短路电流经过相线和零线形成回路。此时电气设备的对地电压等于中性点对地电压和单相短路电流在零线中产生电压降的相量和。显然，零线阻抗的大小直接影响到设备对地电压，而这个电压往往比安全电压高出很多。为了改善这一情况，可采用重复接地，以降低设备碰壳时的对地电压。

(2) 减轻零干线断线后的危险：当零线断线时，在断线后边的设备如有一台电气设备发生碰壳接地故障，就会导致断点之后所有电气设备的外壳对地电压都为相电压，这是非常危险的，如图 1-12 所示。

若装设了重复接地，这时零线断线处后面各设备的对地电压 $U_c = I_dR_c$，其中 R_c 为重复接地电阻，而零线断线处前面各设备的对地电压 $U_o = I_dR_o$。若 $R_c = R_o$，则零线断线处前、后面各设备的对地电压相等，且为相电压的一半，即 $U_c = U_o = U_x$，U_x 为相电压，如图 1-13 所示，这样可均匀各设备外壳的对地电压，减轻危险程度。当 $R_o \neq R_c$ 时，总有部分电气设备的对地电压将超过 $U_x/2$，这将是危险的。因此，零线的断线是应当尽量避免的，必须精心施工，注意维护。

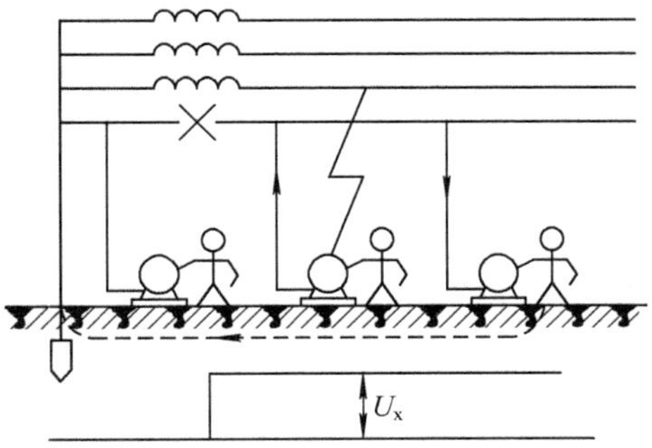

图 1-12　无重复接地零线断线的危险图

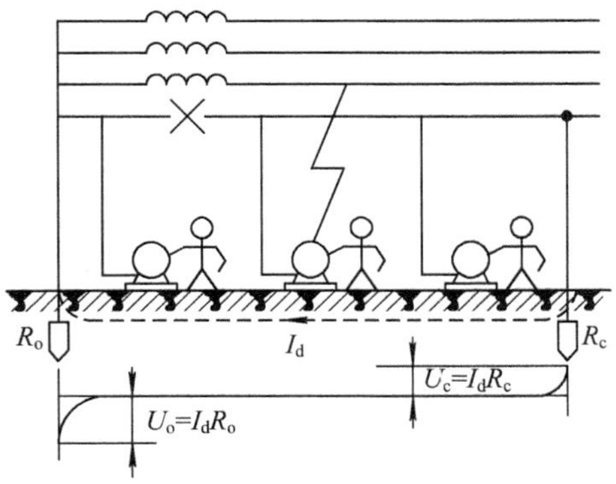

图 1-13　有重复接地零线断线的情况

(3) 缩短碰壳短路故障的持续时间：因为重复接地、工作接地和零线是并联支路，所以发生短路故障时增加短路电流，会加速保护装置的动作，从而缩短事故持续时间。

(4) 改善低压架空线路的防雷性能：在架空线路零线上重复接地，对雷电有分流作用，有利于限制雷电过电压。

重复接地的地点选择也需要注意。重复接地有集中重复接地和环形重复接地两种，前者用于架空线路，后者用于车间。在装设重复接地装置时，应选择合适的地点。为此，规程规定在采用保护接零系统中，零线应在下列各处进行重复接地：

(1) 电源的首端、终端，架空线路的干线、分支线路的终端及沿线线路的每 1 km 处应进行重复接地。

(2) 架空线路和电缆线路引入到车间或大型建筑物内的配电柜应进行重复接地。

(3) 采用金属管配线时，将零线与金属管连接在一起做重复接地；采用塑料管配线时，在管外敷设的不小于 10 mm^2 的钢线与零线连接在一起做重复接地。

3. 保护接零的应用范围

在变压器中性点直接接地的供电系统中，在电压 380/220 V 的三相四线制电网中，因绝缘损坏而可能呈现危险，则对地电压的电气设备金属外壳均应采用保护接零。应注意，在中性点直接接地的系统中采用保护接地不能防止人体遭受触电的危险。

4. 采取保护接零时的注意事项

在采取保护接零时应特别注意以下几点：

(1) 保护接零只能用在中性点直接接地的供电系统中。

(2) 零线的导线截面积应足够大(干线截面积不小于相线截面积的 1/2，分支线的截面积不小于相线截面积的 1/3)。

(3) 零线上不允许加装刀闸、自动空气断路器、熔断器等保护电器。

(4) 零线或零线连接线的连接应牢固可靠、接触良好；零线连接线与设备的连接应采用螺栓压接。

(5) 采用接零保护时，除电源变压器的中性线必须采取工作接地外，对零线也要在规程规定的位置采取重复接地。

(6) 采用保护接零时，保护零线与工作零线应分开。

(7) 在同一变压器供电系统的电气设备，不允许一部分设备采用保护接地，另一部分设备采用保护接零。

第四节　电气消防知识

电气火灾发生后，电气设备和线路可能带电。因此在扑灭电气火灾时，必须了解电气火灾发生的原因，采取正确的补救方法，以防发生人身触电及爆炸事故。

一、发生电气火灾的主要原因

电气火灾及爆炸是指因电气原因引燃及引爆的事故。发生电气火灾要具备可燃物和环境(即引燃条件)。对电气线路和一些设备来说，除自身缺陷、安装不当或施工等方面的原因外，在运行中，电流的热量、电火花和电弧是引起火灾爆炸的直接原因。

(一) 危险温度

危险温度是电气设备过热引起的，即电流的热效应造成的。电气设备在正常运行条件下，温升不会超过其允许的范围，但当电气设备发生故障时，发热量就会增加，温升会超过额定值，导致各种危险事故的发生。引起电气设备发热主要有下列原因：

(1) 线路发生短路故障：短路时电流为正常时的几倍，而产生的热量与电流的二次方成正比，因此当温度达到可燃物的燃点时，即引起燃烧，从而导致火灾。

(2) 过载引起电气设备过热：设计选用线路和设备不合理、使用设备不合理以及设备出现故障都会引起线路或设备过载，造成过热而导致火灾。

(3) 接触不良引起过热：如接头连接不牢或不紧密、动触头压力过小等均能在接触部分发生过热。

(4) 其他原因引起过热：电动机、变压器等设备的铁芯绝缘损坏或长时间过电压、涡流损耗及磁滞损耗增加而引起过热。

(5) 散热不良：电气设备的设计和安装不合理，散热和通风措施遭到破坏等都会造成设备过热。

(6) 电气设备安装和使用不当：如电灯安装不合理，电炉、电熨斗、电烙铁等用后忘记断开电源，时间长了会造成火灾。

(二) 电火花和电弧

电火花是电极间的击穿放电现象，而电弧是大量电火花汇集而成的。电火花温度很高，特别是电弧温度可达 3000～6000℃，能引起可燃物燃烧，金属熔化。因此电火花和电弧是引起火灾和爆炸的危险火源。电气设备产生电火花有下列原因：

(1) 电气设备正常运行时就能产生电火花、电弧。如开关电器的拉、合操作，接触器的触点吸、合等都能产生电火花。

(2) 线路和设备发生故障时可产生电火花和电弧，如短路或接地出现的火花、熔丝熔断时的火花、静电放电火花、过电压放电火花以及误操作引起的火花等。

(三) 易燃易爆环境

在日常生活及工农业生产中，广泛存在着可燃、易爆物质，如在石油、化工和一些军工企业的生产场所中，线路和设备周围存在可燃物及爆炸性混合物；另外一些设备本身可能会产生可燃、易爆物质，如充油设备的绝缘在电弧作用下分解和气化，喷出大量的油雾和可燃气体；酸性电池排出氢气并形成爆炸性混合物等。一旦这些易燃、易爆环境遇到火源，就会即刻着火燃烧。

二、电气灭火常识

一旦发生电气火灾，就应立即组织人员采用正确方法进行扑救，同时拨打 119 火警电话，向公安消防部门报警，并且应通知电力部门用电监察机构派人到现场指导和监护扑救工作。

(一) 常用电气灭火器

1. 常用灭火器的使用

在扑救电气火灾时，特别是没有断电时，应选择适当的灭火器。表 1-4 列举了三种常用电气灭火器的主要性能及使用方法。

表 1-4　常用电气灭火器的主要性能

种类	二氧化碳灭火器	干粉灭火器	“1211”灭火器
规格	2 kg、2～3 kg、5～7 kg	8 kg、50 kg	1 kg、2 kg、3 kg
药剂	瓶内装有液态二氧化碳	钢筒内装有钾或盐干粉，并备有盛装压缩空气的小钢瓶	钢筒内装有二氟一氯一溴甲烷，并充填压缩氮
用途	不导电。扑救电气、精密仪器、油类、酸类火灾。不能扑救钾、钠、镁、铝等物质火灾	不导电，可扑救电气(旋转电机不宜)、石油、石油产品、油漆、有机溶剂、天燃气及天燃气设备火灾	不导电，扑救油类、电气设备、化工化纤原料等初起的火灾
功效	接近着火地点，保护 3 m 距离	8 kg，喷射时间为 14～18 s，射程为 4.5 m；50 kg，喷射时间为 14～18 s，射程为 6～8 m	喷射时间为 6～8 s，射程为 2～3 m
使用方法	一手拿好喇叭筒对准火源，另一手打开开关即可	提起圈环，干粉即可喷出	拔下铅封或横锁，用力压下压把即可

2. 灭火器的保管

灭火器在不使用时，应注意对其的保管与检查，保证随时可正常使用。

(1) 灭火器应放置在取用方便之处。

(2) 注意灭火器的使用期限。

(3) 防止喷嘴堵塞；冬季应防冻，夏季要防晒；防止受潮、摔碰。

(4) 定期检查，保证完好。如对二氧化碳灭火器，应每月测量一次，当重量低于原来的1/10时，应充气；对四氯化碳灭火器、干粉灭火器，应检查压力情况，少于规定压力时应及时充气。

(二) 扑救方法及安全注意事项

发生火灾时，应及时采取恰当的急救方法，具体如下：

(1) 电气火灾发生后，电气设备因绝缘损坏而碰壳短路或线路因断线接地而短路，使正常不带电的金属构架、地面等部位带电，在一定范围内存在接触电压或跨步电压，所以扑救时必须采取相应的安全措施，以防止发生触电事故。

(2) 一旦发生火灾，首先应设法切断电源。切断电源时，应按操作规程规定顺序进行操作，必要时，请电力部门配合切断电源。

(3) 无法及时切断电源时，扑救人员应使用二氧化碳等不导电的灭火器，且灭火器与带电体之间应保持必要的安全距离(即10 kV以下应不小于1 m，110～220 kV应不小于2 m)。

(4) 电气设备发生火灾时，充油电气设备受热后可能发生喷油或爆炸，扑救时应根据起火现场及电气设备的具体情况作一些特殊规定。

(5) 对架空线路等高空设备进行灭火时，人体与带电体之间仰角不大于45°，应站在线路外侧以防导线断落危及灭火人员的安全。

(6) 用水枪灭火时，宜采用喷雾水枪。这种水枪通过水柱的泄漏电流较小，带电灭火较安全。用普通直流水枪带电灭火时，扑救人员应戴绝缘手套，穿绝缘靴，或穿均压服，且将水枪喷咀接地。

实 习 课 题

一、口对口人工呼吸法

口对口人工呼吸法是最常用、最有效的急救方法之一。作为电气工程技术人员必须掌握其急救方法和要领。实习时，两人为一组，根据上述所介绍的步骤和动作要领，相互进行模拟练习。

二、胸外心脏挤压法

两人为一组，在桌上或垫子上，按照胸外心脏挤压法的急救方法和动作要领，相互进行练习。如有条件的学校，也可让同学利用人体模型进行练习。

思考题与习题

1．安全用电的意义是什么？

2．什么是感知电流、摆脱电流、致命电流？

3．常见的触电形式有哪些？

4．停电工作中的安全措施有哪些？带电工作中的安全措施有哪些？

5．安全用电的组织措施有哪些？

6．什么是安全电压？我国对安全电压是如何规定的？

7．发生触电事故时，如何使触电者脱离电源？

8．简述触电急救的方法。

第二章　电工工具(用具)

电工工具包括常用电工工具、架线工具、登高工具以及绝缘安全工具。本章分别予以说明。

第一节　常用电工工具

一、工具夹和工具袋

(一) 工具夹

工具夹是装夹电工随身携带的常用工具的器具(图 2-1)。工具夹常用皮革或帆布制成，分为插装一件、三件和五件工具等几种。使用时，佩挂在背后右侧的腰带上，以便随手取用和归放工具。

(二) 工具袋

工具袋(图 2-1)常用帆布制成，是用来装锤子、凿子、手锯等工具和零星器材的背包。工作时一般斜挎肩上。

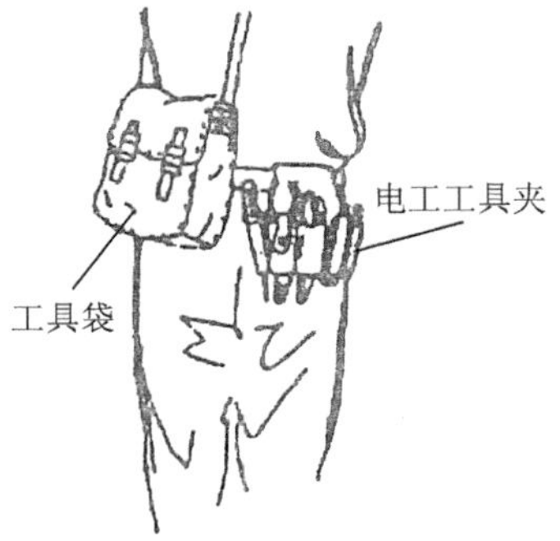

图 2-1　工具夹和工具袋

二、验电器

验电器是检验导线和电气设备是否带电的一种电工常用工具，分为低压验电器和高压验电器两种。

(一) 低压验电器

低压验电器又称试电笔、测电笔(简称电笔)。按其结构形式分为钢笔式和螺钉旋具式两种，按其显示元件不同分为氖管发光指示式和数字显示式两种。

氖管发光指示式验电器由氖管、电阻、弹簧、笔身和笔尖等部分组成(图 2-2(a))，螺钉旋具式验电器如图 2-2(b)所示，数字显示式验电器如图 2-2(c)所示。

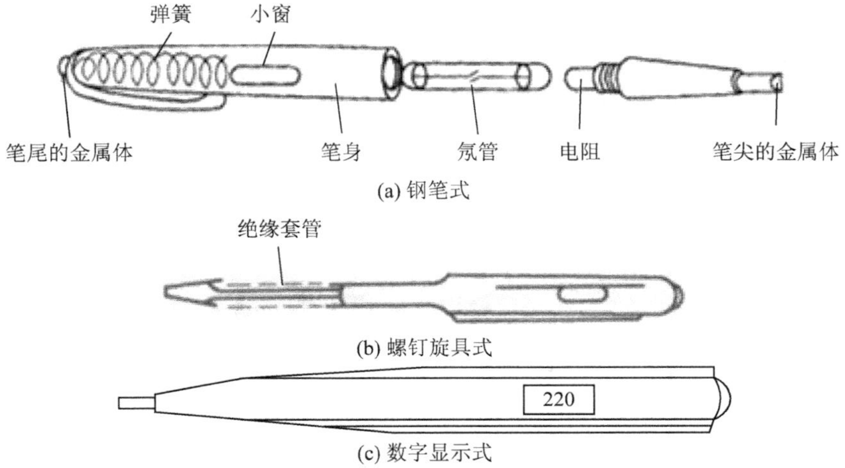

图 2-2　低压验电器

使用低压验电器，必须按图 2-3 所示正确姿势握笔，以食指触及笔尾的金属体，笔尖触及被测物体，使氖管小窗背光朝向自己。当被测物体带电时，电流经带电体、电笔、人体到大地形成通电回路。只要带电体与大地之间的电位差超过 60 V，电笔中的氖管就发光，电压高发光强，电压低发光弱。用数字显示式测电笔验电，其握笔方法与氖管指示式电笔相同，只要带电体与大地间的电位差在 2～500 V 之间，电笔都能显示出来。由此可见，使用数字式测电笔，除了能知道线路或电气设备是否带电以外，还能够知道带电体电压的具体数值。

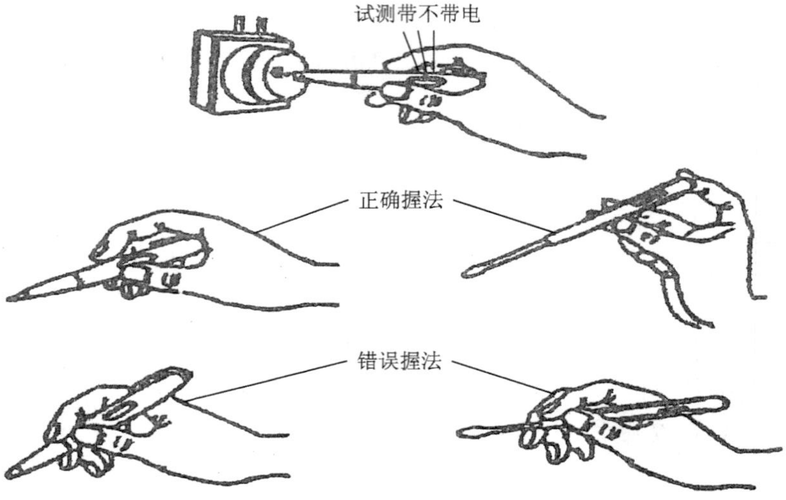

(a) 钢笔验电器握法　　(b) 螺钉旋具式验电器握法

图 2.3　低压验电器握法

使用低压电笔验电应注意以下事项：

(1) 使用以前，先检查电笔内部有无柱形电阻(特别是借来的、别人借后归还的或长期未使用的电笔更应检查)，若无电阻，严禁使用；否则，将发生触电事故。

(2) 一般用右手握住电笔，左手背在背后或插在衣裤口袋。

(3) 人体的任何部位切勿触及与笔尖相连的金属部分。

(4) 防止笔尖同时搭在两线上。

(5) 验电前，先将电笔在确实有电处试测，只有氖管发光才可使用。

(6) 在明亮光线下不易看清氖管是否发光，应注意避光。

(二) 高压验电器

高压验电器又称高压测电器或高压测电棒。10 kV 高压验电器由金属钩、氖管、氖管套、固定螺钉、护环和握柄等部分组成(图 2-4)。

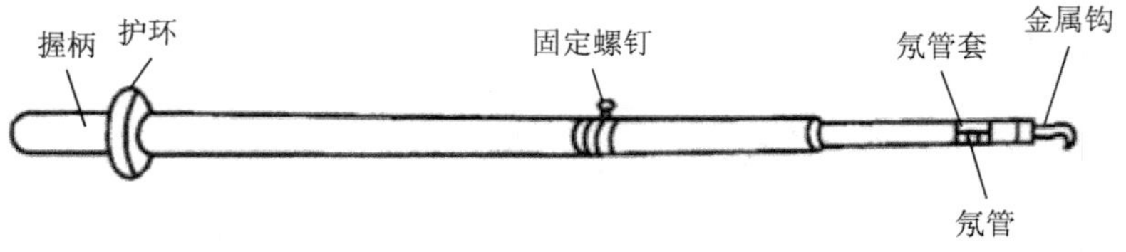

图 2-4　10 kV 高压验电器

使用高压验电器验电应注意以下事项：

(1) 使用以前，应先在确实有电处试测，只有证明验电器确实良好，才可使用。

(2) 验电时，应逐渐靠近被测带电体，直至氖管发光。只有当氖管不亮时，才可直接接触带电体。

(3) 室外测试，只能在气候良好的情况下进行；在雨、雪、雾天和湿度较高时，禁止使用。

(4) 测试时，必须戴上符合耐压要求的绝缘手套，手握部位不得超过避护环，如图 2-5 所示。不可一人单独测试，身旁应有人监护。测试时应防止发生相间或对地短路事故，人体与带电体应保持足够距离(电压 10 kV 时，应在 0.7 m 以上)。对验电器每半年应作一次预防性试验。

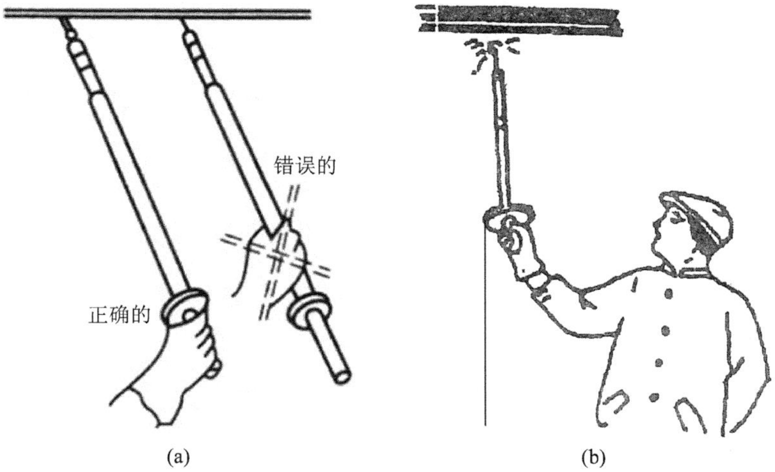

图 2-5　高压验电器使用示意图

三、螺钉旋具

螺钉旋具又称旋凿、起子、改锥或螺丝刀，它是一种紧固和拆卸螺钉的工具。螺钉旋具的式样和规格很多，按头部形状可分为一字形(图 2-6(a))和十字形(图 2-6(b))两种。

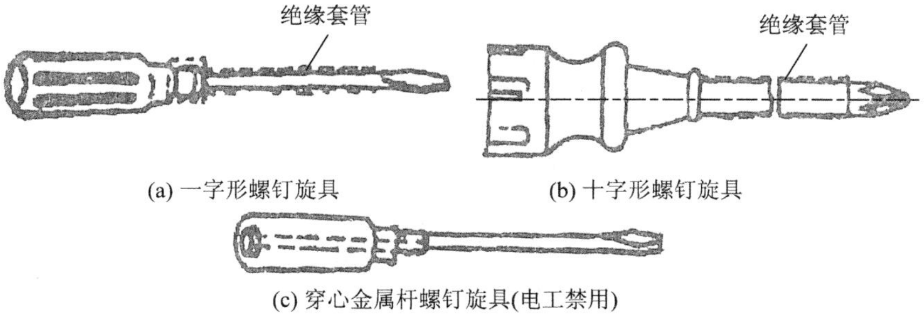

图 2-6　螺钉旋具

一字形螺钉旋具常用的有 50 mm、100 mm、150 mm 和 200 mm 等规格，电工必备的是 50 mm 和 150 mm 两种。十字形螺钉旋具专供紧固或拆卸十字槽的螺钉使用，常用的有四种规格：Ⅰ号适用于直径为 2.0～2.5 mm 的螺钉，Ⅱ号适用于 3～5 mm 的螺钉，Ⅲ号适用于 6～8 mm 的螺钉，Ⅳ号适用于 10～12 mm 的螺钉。

螺钉旋具的使用注意事项如下：

(1) 电工不可使用金属杆直通柄顶的螺钉旋具(图 2-6(c))，否则，很容易造成触电事故。

(2) 使用螺钉旋具紧固或拆卸带电的螺钉时，手不得触及螺钉旋具的金属杆，以免发生触电事故。

(3) 为了防止螺钉旋具的金属杆触及皮肤或触及邻近带电体，应在金属杆上套绝缘管。

四、钢丝钳

钢丝钳有绝缘柄(图 2-7(a))和裸柄(图 2-7(g))两种。绝缘柄钢丝钳为电工专用钳(简称电工钳)，常用的有 150 mm、175 mm 和 200 mm 三种规格。裸柄钢丝钳电工禁用。

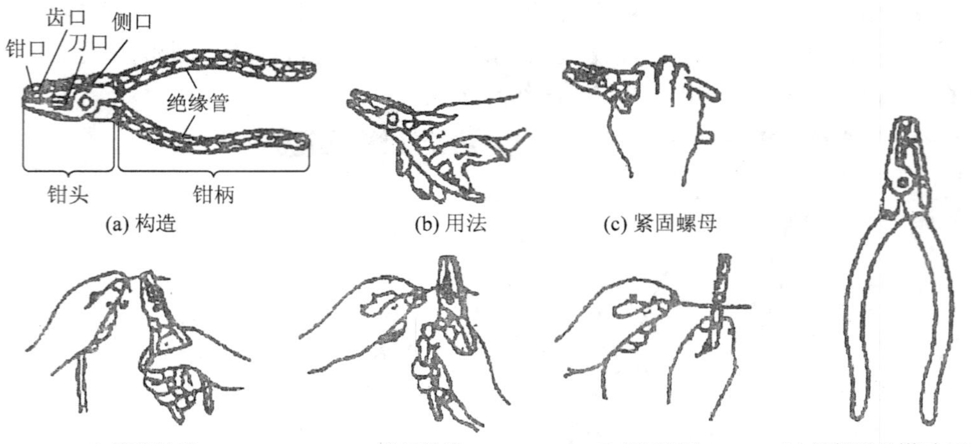

图 2-7　钢丝钳使用方法

电工钳的用法可以概括为四句话：剪切导线用刀口，剪切钢丝用侧口，扳旋螺母用齿口，弯绞导线用钳口。

使用电工钳应注意以下事项：

(1) 使用前，应检查绝缘柄的绝缘是否良好。

(2) 用电工钳剪切带电导线时，不得用钳口同时剪切相线和零线，或同时剪切两根相线。

(3) 钳头不可代替手锤作为敲打工具使用。

五、尖嘴钳

尖嘴钳(图 2-8)的头部尖细，适于在狭小的工作空间操作。尖嘴钳也有裸柄和绝缘柄两种。裸柄尖嘴钳电工禁用，绝缘柄的耐压强度为 500 V，常用的有 130 mm、160 mm、180 mm、200 mm 四种规格。其握法与电工钳的握法相同。

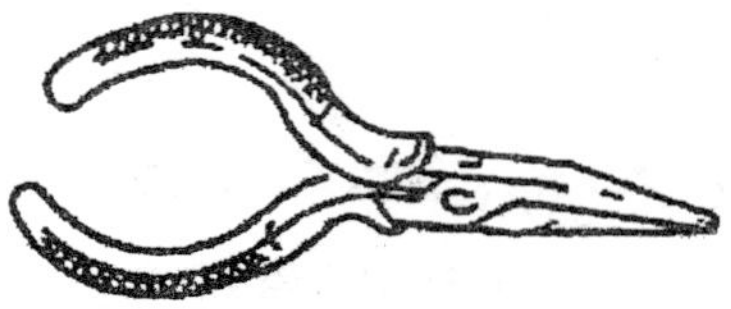

图 2-8　尖嘴钳

尖嘴钳有以下用途：

(1) 带有刃口的尖嘴钳能剪断细小金属丝。

(2) 尖嘴钳能夹持较小的螺钉、线圈和导线等元件。

(3) 制作控制线路板时，可用尖嘴钳将单股导线弯成一定圆弧的接线鼻子(接线端环)。

六、断线钳

断线钳又称斜口钳(图 2-9)，有裸柄、管柄和绝缘柄三种。其中裸柄断线钳禁止电工使用。绝缘柄断线钳的耐压强度为 1000 V，其特点是剪切口与钳柄成一角度，适用于狭小的工作空间和剪切较粗的金属丝、线材和电线电缆。常用的有 130 mm、160 mm、180 mm、200 mm 四种规格。

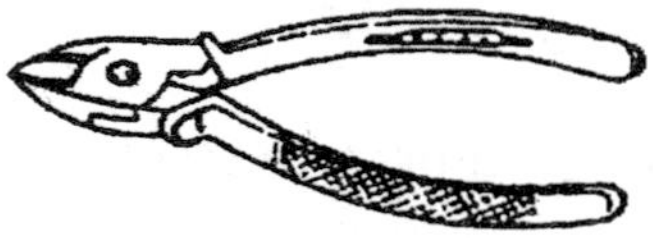

图 2-9　断线钳

七、剥线钳

剥线钳是剥削小直径导线接头绝缘层的专用工具。使用时，将要剥削的导线绝缘层长度用标尺定好，右手握住钳柄，用左手将导线放入相应的刃口槽中(比导线芯直径稍大，以免损伤导线)，用右手将凹柄向内一握，导线的绝缘层即被割破拉开，自动弹出(图 2-10)。

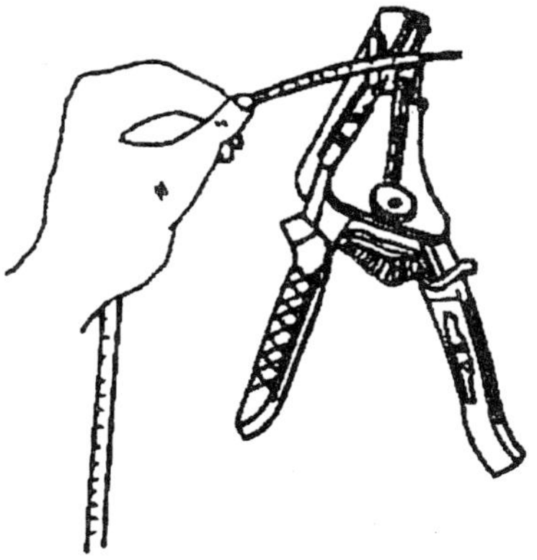

图 2-10　剥线钳用法

八、电工刀

电工刀是用来剖削导线线头、切割木台缺口、削制木榫的专用工具，其外形如图 2-11 所示。使用时应注意以下几点：

(1) 剖削导线绝缘层时，刀口应朝外，刀面与导线应成较小的锐角。

(2) 电工刀刀柄无绝缘保护，不可在带电导线或带电器材上剖削，以免触电。

(3) 电工刀不许代替手锤敲击使用。

(4) 电工刀用毕，应随即将刀身折入刀柄。

图 2-11　电工刀

九、活络扳手

活络扳手是用来紧固和拧松螺母的一种专用工具。活络扳手由头部和柄部组成，而头部则由活络扳唇、呆扳唇、扳口、蜗轮和轴销等构成，如图 2-12 所示。旋动蜗轮可调节扳口的大小。常用的活络扳手有 150 mm、200 mm、250 mm、300 mm 四种规格。由于它的开口尺寸可以在规定范围内任意调节，所以特别适于在螺栓规格多的场合使用。

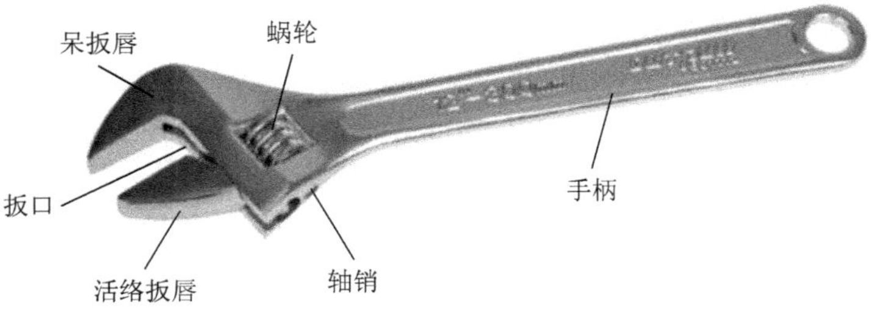

图 2-12　活络扳手

使用活络扳手时，应将扳唇紧压螺母的平面。扳动大螺母时，手应握在近柄尾处；扳动较小的螺母时，应握在接近头部的位置。施力时手指可随时旋调蜗轮，收紧活络扳唇，以防打滑。

活络扳手的使用注意事项如下：

(1) 活络扳手不可反用，以免损坏活络扳唇，也不可用钢管接长手柄来施加较大的力矩。

(2) 活络扳手不可当作撬棒或手锤使用。

十、电工用凿

电工常用的凿有圆榫凿、小扁凿、大扁凿和长凿等几种。

(一) 圆榫凿

圆榫凿(图 2-13)又称麻线凿或鼻冲，用于在混凝土结构的建筑物上凿打木榫孔。电工常用的圆榫凿有 16 号和 18 号两种，前者可凿直径约 8 mm 的木榫孔，后者可凿直径约 6 mm 的木榫孔。凿孔时，用左手握住圆榫凿，随凿随转，并经常拔出凿身，使灰砂、碎砖及时排出，以免凿身涨塞在孔中。

(a) 圆榫凿

(b) 小扁凿

(c) 大扁凿

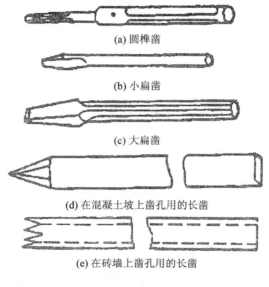

(d) 在混凝土坡上凿孔用的长凿

(e) 在砖墙上凿孔用的长凿

图 2-13　电工用凿

(二) 小扁凿

小扁凿(图 2-13)用来在砖墙上凿打方形桦孔。电工常用凿口宽约 12 mm 的小扁凿。凿孔时，也要经常拔出凿身，以便排出灰砂、碎砖，同时观察墙孔开凿得是否平整，大小是否合适，孔壁是否垂直。

(三) 大扁凿

大扁凿(图 2-13)用来凿打角钢支架和撑脚等的埋设孔穴。电工常用凿口为宽约 16 mm 的大扁凿，其使用方法与小凿相同。

(四) 长凿

长凿(图 2-13(d)和图 2-13(e))用来凿出通孔。图 2-13(d)所示长凿由中碳圆钢制成，用来在混凝土墙上凿出通孔；图 2-18(e)所示长凿由无缝钢管制成，用来在砖墙上凿出通孔。常用长凿的直径有 19 mm、25 mm 和 30 mm 三种，其长度则有 300 mm、400 mm 和 500 mm 等多种。凿孔时也应不断旋转凿身，以便及时排出碎屑。

十一、冲击钻

冲击钻是一种电动工具，它具有普通钻孔和锤击钻孔两种功能。冲击钻由电动机、传动机构、定位螺栓、从动齿盘、主动齿盘、主轴、钻夹头、控制开关及把手等组成，如图 2-14 所示。

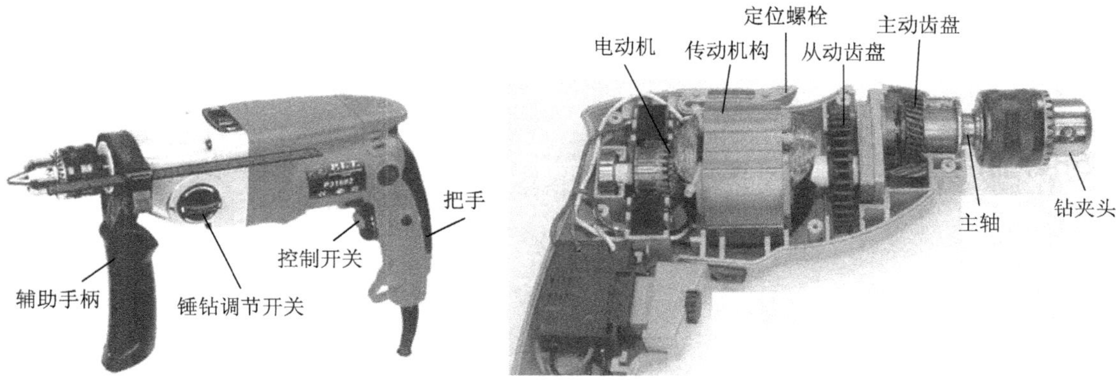

(a) 外形　　(b) 结构

图 2-14　冲击钻

冲击电钻以电动机为动力源，经过齿轮变速带动传动轴旋转，再与离合器啮合。离合器由一个动齿盘和一个静齿盘组成。在冲击电钻头部的调节开关上设有“钻”和“锤”的标志。把调节钮指针调到“钻”方向，动齿盘就被支起来，与静齿盘分离，这时齿轮就直接带动钻头，做单一旋转运动。当把调节钮的指针调到“锤”的方向时，动齿盘与静齿盘接触，冲击电钻通过离合器凹凸不平的接触面，产生冲击运动，传递到钻头上就形成冲击加旋转。

使用冲击钻应注意以下几点：

(1) 接通电源后应使冲击钻空转 1 min，以检查传动部分和冲击部分转动是否灵活。

(2) 工作前要确认调节钮指针是否指在与工作内容相符的地方。

(3) 作业时需戴护目镜。

(4) 作业现场不得有易燃、易爆物品。

(5) 严格禁止用电源线拖拉机具。

(6) 机具把柄要保持清洁、干燥、无油脂，以便两手能握牢。

(7) 只允许单人操作。

(8) 遇到坚硬物体，不要施加过大压力，以免烧毁电动机。出现卡钻时，要立即关掉开关，严禁带电硬拉、硬压和用力扳扭，以免发生事故。作业时，应避开混凝土中的钢筋，否则应更换位置。

(9) 作业时双脚要站稳，身体要平衡，不允许戴手套作业。

(10) 工作后要卸下钻头，清除灰尘、杂质，转动部分要加注润滑油。

(11) 工作时间过长，会使电动机和钻头发热，这时要暂停作业，待其冷却再使用，禁止用水和油降温。

十二、电烙铁

电烙铁是钎焊(也称锡焊)的热源，其规格有 15 W、25 W、45 W、75 W、100 W、300 W 等多种。功率在 45 W 以上的电烙铁，通常用于强电元件的焊接，弱电元件的焊接一般使用 15 W、25 W 功率等级的电烙铁。

(一) 电烙铁的分类

电烙铁有外热式和内热式两种(图 2-15)。内热式的发热元件在铁头的内部，其热效率较高；外热式电烙铁的发热元件在外层，烙铁头置于中央的孔中，其热效率较低。

电烙铁的功率应选用恰当，功率过大不但浪费电能，而且会烧坏弱电元件(出现虚焊现象)；功率过小，则会因热量不够而影响焊接质量。在混凝土和泥土等导电地面使用电烙铁，其外壳必须可靠接地，以免触电。

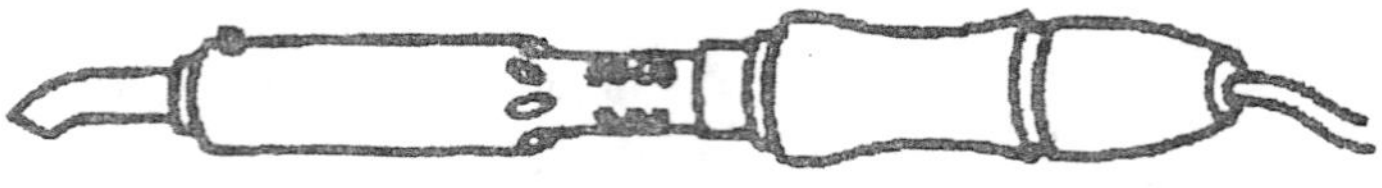

(a) 外热式电烙铁

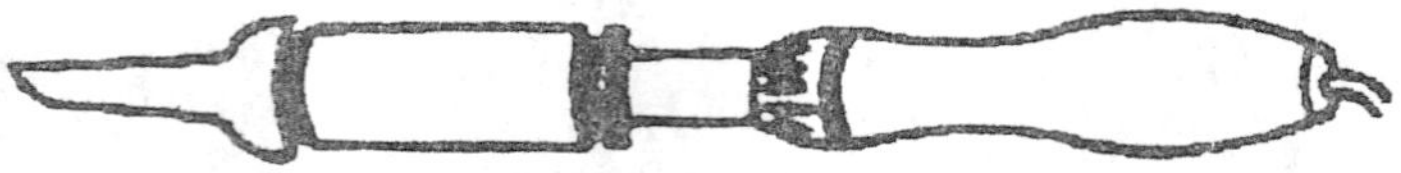

(b) 内热式电烙铁

图 2-15　电烙铁

(二) 钎焊材料的分类

钎焊材料分为焊料和焊剂两种：

(1) 焊料。焊料是指焊锡或纯锡，常用的有锭状和丝状两种。丝状焊料称为焊锡条，通常在其中心包有松香，使用很方便。

(2) 焊剂。焊剂有松香、松香酒精溶液(松香 40%、酒精 60%)、焊膏和盐酸(加入适量锌，经化学反应才可使用)等几种。松香适用于所有电子器件和小线径线头的焊接；松香酒精溶液适用于小线径线头和强电领域小容量元件的焊接；焊膏适用于大线径线头的焊接和大截面导体表面或连接处的加固烤锡，盐酸适用于钢制件连接处表面搪锡或钢制件的连接焊接。

(三) 电烙铁基本操作方法和注意事项

(1) 焊接前用电工刀或砂布清除连接线端的氧化层，然后在焊接处涂上适量焊剂。

(2) 将含有焊锡的烙铁焊头先沾一些焊剂，然后对准焊接点下焊，焊头停留时间随焊件大小而定。

(3) 焊接点必须焊牢焊透，锡液必须充分渗透，焊接处表面应光滑并有光泽，不得有虚假焊点和夹生焊点。虚假焊是指焊件表面没有充分镀上锡，焊件之间没有被锡固定，其原因是焊件表面的氧化层未清除干净或焊剂用得过少。夹生焊是指锡未充分熔化，焊件表面的锡晶粗糙，焊点强度低，其原因是烙铁温度不够和烙铁焊头在焊点停留时间太短。

(4) 为了不影响电烙铁头的拆装，使用过程中应轻拿轻放，不得敲击电烙铁，以免损坏内部发热元件。

(5) 烙铁头应保持清洁，使用时可常在石棉毡上擦几下以除去氧化层。使用一段时间后，烙铁头表面可能出现不能上锡(“烧死”)的现象，此时可先用刮刀刮去焊锡，再用锉刀清除表面黑灰色的氧化层，重新浸锡。

(6) 烙铁使用日久，烙铁头上可能出现凹坑，影响正常焊接。此时可用锉刀对其整形，加工到符合要求的形状再浸锡。

(7) 使用中的电烙铁不可搁在木架上，而应放在特制的烙铁架(图 2-16)上，以免烫坏导线或其他物件引起火灾。

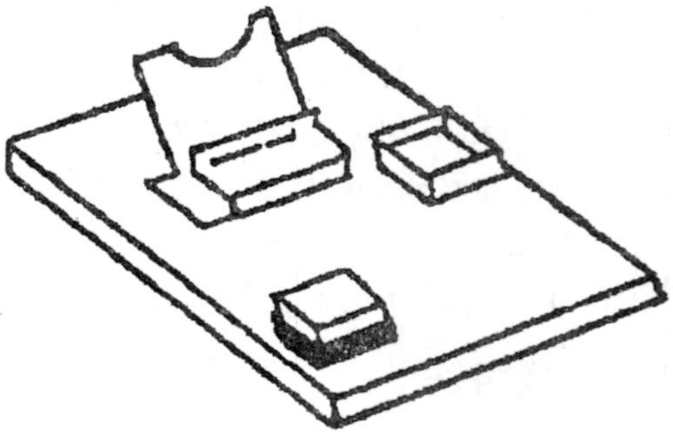

图 2-16　烙铁架

(8) 使用烙铁时不可随意甩动，以免焊锡溅出伤人。

十三、喷灯

喷灯是一种利用喷射火焰(火焰温度可高达 900℃以上)对工件进行加热的工具，常用于铅包电缆铅包层焊接、大截面铜导线连接处搪锡以及其他电气连接表面防氧化镀锌等。

(一) 结构和使用法

喷灯的结构如图 2-17 所示，按使用燃料的不同，喷灯分为煤油喷灯(MD)和汽油喷灯(QD)两种，其使用方法如下：

(1) 检查：使用喷灯前，应仔细检查油桶是否漏油，喷嘴是否畅通，丝扣处是否漏气等。

(2) 加油：旋下加油阀上的螺栓，按喷灯要求的燃料倒入适量煤油或汽油，一般以不超过油桶容积的3/4 为宜，保留部分容积储存压缩空气，以维持必要的空气压力。注油后旋紧加油孔的螺栓，擦净洒在桶外的油，并再次检查喷灯各处是否漏油。

(3) 预热：在预热燃烧盘(杯)中倒入汽油，点火将喷头加热。

(4) 喷火：在燃烧盘中的汽油尚未烧完之前，打气 3～5 次，将放油调节阀旋松，使阀杆开启，喷出油雾，喷灯即点燃喷火，而后继续打气，到火力正常时为止。

(5) 熄火：先关闭放油调节阀，直到火焰熄灭，再慢慢旋松加油阀螺栓，放出油桶内的压缩空气。

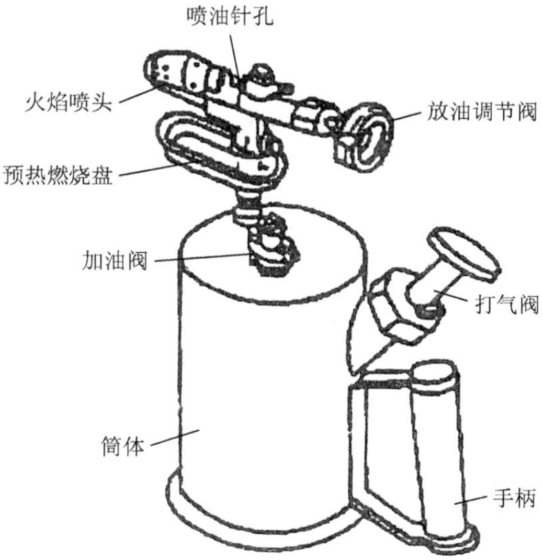

图 2-17　喷灯的结构

(二) 喷灯使用安全知识

使用喷灯时，在安全方面应注意以下几点：

(1) 不得在煤油喷灯的油桶内加入汽油，也不得在汽油喷灯的油桶内加入煤油。

(2) 对汽油喷灯加汽油时，应先熄火，再将加油阀上的螺栓旋松。听到放气声后不可继续旋松螺栓，以免汽油喷出。待空气放完，才可开盖加油。加油时周围不得有明火。

(3) 打气压力不可过高，只要喷灯能正常喷火即可。打完气之后，应将打气柄卡在泵盖上。

(4) 工作时应注意火焰与带电体之间的安全距离。通常，10 kV 以下应大于 1.5 m，10 kV 以上应大于 3 m。

(5) 使用过程中，油桶内的油量不得小于油桶容积的 1/4，否则，油桶过热将发生事故。

(6) 经常检查油路密封圈零件配合处有无渗漏、跑气现象。

(7) 喷灯使用完毕，应将剩气放掉。

第二节　架 线 工 具

一、叉杆

叉杆由 U 形铁叉和细长的圆杆组成(图 2-18(a))。叉杆在立杆时用来临时支撑电杆和用于起立 9 m 以下的木单杆。使用叉杆起立木单杆的操作步骤和方法如下：

(1) 在杆坑中立一滑板并对准杆根，以便杆根下滑，防止杆根冲坏坑壁。

(2) 将电杆移至坑口，使杆根顶住滑板。

(3) 接着将电杆头部抬起，用叉杆顶住，逐步移动叉杆到杆根部位，使电杆不断升高，如图 2-18(b)所示。当杆头升高到一定高度时，增加三根叉杆，使电杆起立。

(4) 当电杆立起到将近垂直时，将一根叉杆转至对面，以防电杆向对面倾倒，并抽出滑板，同时将另两根叉杆分别向左、右岔开，使三根叉杆成三角位置支撑电杆，以防电杆向左、右倾斜(图 2-18(c))。

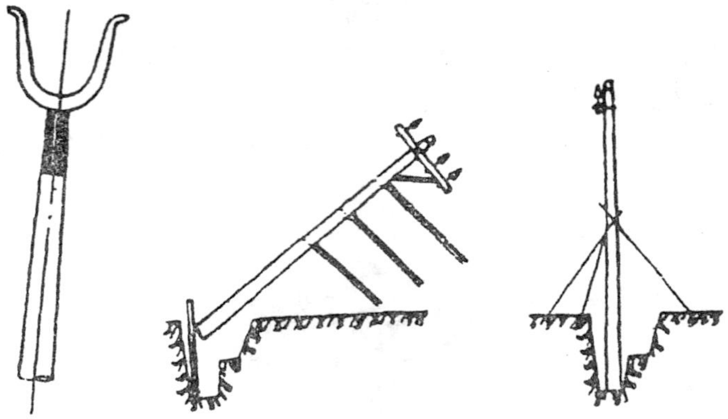

(a) 叉杆　(b) 叉杆起立　(c) 叉杆支撑木单杆

图 2-18　叉杆起立木单杆示意图

二、架杆

架杆如图 2-19 所示。架杆由两根相同的细长圆杆组成，圆杆顶(梢)部直径不应小于 80 mm，根部直径不应小于 120 mm，长度为 4～6 m。距顶端 300～500 mm 处用铁丝做成长度为 300～350 mm 的链环，将两根圆杆连起来，在距圆杆底部 600 mm 处安装把手(穿入长 300 mm 的螺栓)。架杆用来起立单杆和临时支撑电杆。

三、抱杆

有单抱杆和人字形抱杆两种。人字形抱杆是将两根相同的细长圆杆，在顶端用钢绳交叉绑扎成人字形。抱杆高度按电杆高度的 1/2 选取，抱杆直径平均为 16～20 mm，根部张开宽度为抱杆长度的 1/3，其间用 Φ12 mm 钢绳连锁(图 2-20)。人字形抱杆在立杆作业中应用较广，其优点是：

(1) 比单抱杆的起重量大。

(2) 稳定性好，可减少用于固定的临时拉线。

(3) 装置简单，竖立方便。

(4) 可以任意调整倾斜角度。

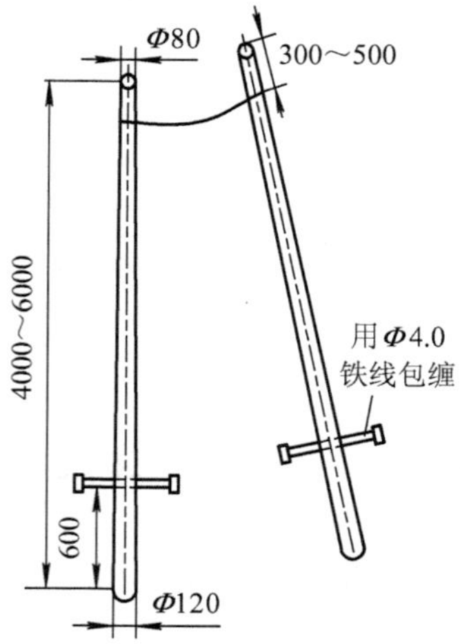

图 2-1 9　架杆

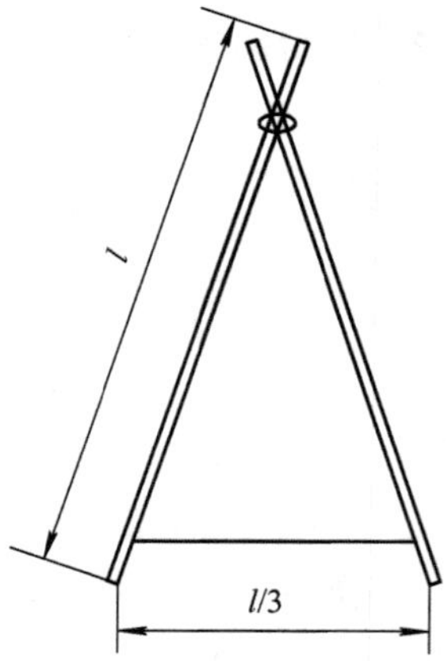

图 2-20　人字形抱杆

四、转杆器

转杆器(图 2-21)用来在电杆立直后调整杆位，将电杆移至规定位置。如果立杆前已组装好横担，也可用转杆器来调整横担方向。

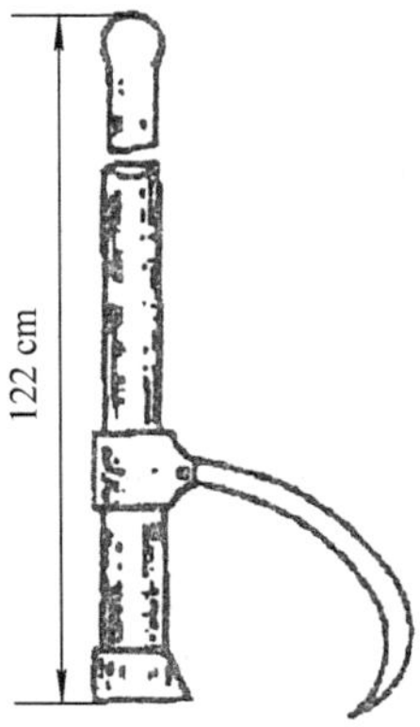

图 2-21　转杆器

五、紧线器

紧线器又称紧线钳和拉线钳，用来收紧室内瓷瓶线路和室外架空线路的导线。紧线器的种类如图 2-22 所示。

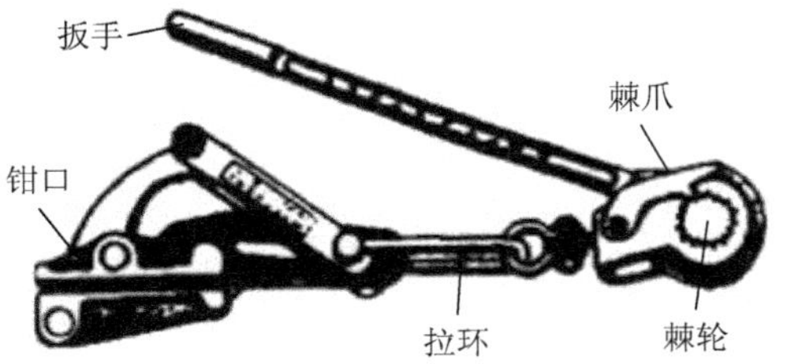

(a) 平口式

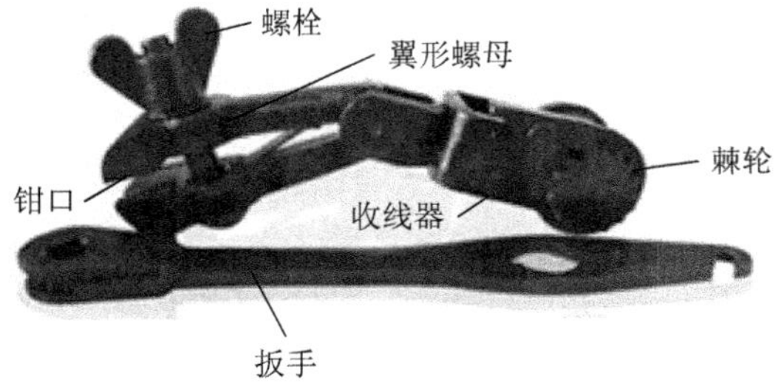

(b) 虎头式

图 2-22　紧线器

(一) 平口式紧线器

平口式紧线器亦称鬼爪式紧线器，它由钳口、拉环、棘爪、棘轮、扳手等部分组成。平口式紧线器的使用方法如下：

(1) 上线。一手握住拉环，另一手握住下钳口往后推移，将需要拉紧的导线放入钳口槽中，放开手中的下钳口，利用弹簧夹住导线。

(2) 收紧。把一段钢绳穿入紧线盘的孔钳口中，将棘爪扣住棘轮，然后利用棘轮扳手前后往返运动，将导线逐渐拉紧。

(3) 放松。将导线拉紧到一定程度并扎牢后，将棘轮扳手推前一些，使棘轮产生间隙，此时用手将棘爪向上扳开，被收紧的导线就会自动放松。

(4) 卸线。用一手握住拉环，另一手握住下钳口往后推。此时如果发规钳口导线过紧，则可用其他工具轻轻敲击下钳口，被夹持的导线就会自动卸落。

(二) 虎头式紧线器

虎头式紧线器又称钳式紧线器，它的前部有用于夹紧导线的钳口、翼形螺母和螺栓，后部有用来纹紧架空线的棘轮装置，并有两用扳手一只。扳手的一端有一个可旋动钳口，另一端有一个可以绞紧棘轮的孔。

虎头式紧线器的使用方法与平口式紧线器基本相同。区别在于夹紧导线的方式不同。虎头式紧线器上线时，先旋松翼形螺母，钳口自动弹开，将导线放入钳口后旋紧翼形螺母即可。

(三) 注意事项

使用紧线器应注意以下三点：

(1) 应根据导线的粗细，选用相应规格的紧线器。

(2) 使用紧线器时，如果发现有滑线(逃线)现象，应立即停止使用，采取措施(如在导线上绕一层铁丝)将导线确实夹牢后，才可继续使用。

(3) 在收紧时，应紧扣棘爪和棘轮，以防止棘爪脱开打滑。

六、导线弧垂测量尺

导线弧垂测量尺又称弛度标尺，用来测量室外架空线路导线弧垂，其外形如图 2-23 所示。使用时应根据表 2-1 所示值，先将两把导线弧垂测量尺上的横杆调节到同一位置上；接着将两把标尺分别挂在所测档距的同一根导线上(应挂在近瓷瓶处)；然后两个测量者分别从横杆上进行观察，并指挥紧线；当两把测量尺上的横杆与导线的最低点成水平直线时，即可判定导线的弛度已调整到预定值。

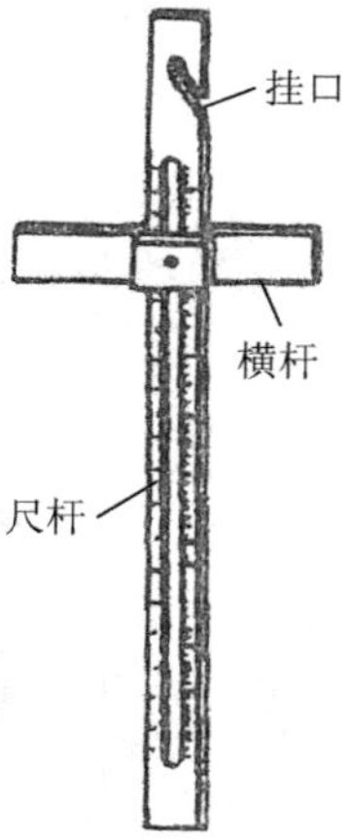

图 2-23　导线弧垂测量尺

表 2-1　架空导线弧垂参考值

档距/m 弛度/m 环境温度/℃	30	35	40	45	50
−40	0.06	0.08	0.11	0.14	0.17
−30	0.07	0.09	0.12	0.15	0.19
−20	0.08	0.11	0.14	0.18	0.22
−10	0.09	0.12	0.16	0.20	0.25
0	0.11	0.15	0.19	0.24	0.30
10	0.14	0.18	0.24	0.30	0.38
20	0.17	0.23	0.30	0.38	0.47
30	0.21	0.28	0.37	0.47	0.58
40	0.25	0.35	0.44	0.56	0.69

第三节　登高工具(用具)

登高工具是指电工进行高空作业所需的工具和装备。为了保证高空作业的安全，登高工具必须牢固可靠。电工完成高空作业时，要特别注意人身安全。凡是没有上岗证、未进行过登高作业训练、患有严重高血压或心脏病的电工，均不得擅自使用登高工具。

电工常用的登高工具有梯子、高凳、脚扣、腰带、保险绳、腰绳、吊绳和吊篮等。过去曾使用登高板登杆，由于使用时体力消耗大且操作不便，目前已停止使用。

一、梯子和高凳

梯子和高凳可用木材或竹材制作，切不可用金属材料制作。梯子和高凳应坚固可靠，能够承受电工身体和携带工具的重量。

梯子分为直梯(也称靠梯)和人字梯两种(图 2.24(a)和图 2-24(b))。直梯多为竹梯，其规格有 13、15、17、19 和 21 挡等，常用于室外登高作业，也可作为室内配线的爬高工具。直梯的两脚应绑扎胶皮之类的防滑材料。人字梯多用硬木制作，其中间应绑扎两道防滑安全绳(图 2-24(b))，其四脚也应绑扎防滑材料。人字梯主要用于室内攀高作业。

使用梯子和高凳应注意以下事项：

(1) 使用前应严格检查梯子是否损伤、断裂，脚部有无防滑材料和是否绑扎防滑安全绳。

(2) 梯子放置必须稳固，梯子与地面的夹角以 60° 左右为宜，顶部应与建筑物靠牢。靠在管子上的梯子，上端应使用绳子系牢。不能稳固放置的梯子，应有人扶持或用绳索将梯子下端与固定物体绑牢。

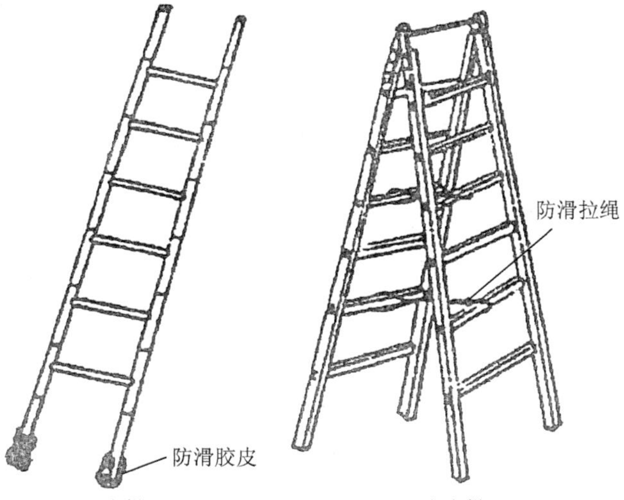

图 2-24　电工用梯

(3) 在直梯上作业，为了扩大活动幅度和不致因用力过度而重心不稳，应一脚站在梯面上，另一脚伸过横档再弯回站立，同时，不得站在直梯的最高两档进行操作。此外，直梯不得缺档，不得把直梯架设在木箱等不稳固的支持物上使用。

(4) 人字梯放好后，要检查四只脚是否同时着地。作业时不可站立在人字梯最上面两档工作。站在人字梯的单面工作时，也要将另一只脚伸过横档再弯回站立(与在直梯上站立的姿势相同)。

(5) 在室内通道上使用人字梯时，地面应有人监护，或采取防止门突然打开的措施。

(6) 在梯子上工作，应备有工具袋，上下梯子时工具不得拿在手中，工具和物体不得上下抛递，要防止落物伤人。

(7) 在室外高压线下或高压室内搬动梯子时，应放倒由两人抬运，并且与带电体保持足够的安全距离。

二、脚扣

脚扣又称铁脚，是一种攀登电杆的工具。脚扣分为两种：一种是扣环上有铁齿，供登木杆用(图 2-25(a))；另一种是扣环上裹有橡胶，供登混凝土杆用(图 2-25(b))。脚扣有大小号之分，以供攀登粗细不同的电杆使用。混凝土杆脚扣可用于木杆攀登，但木杆脚扣不宜用来攀登混凝土杆。雨天和冰雪天禁止攀登混凝土杆。

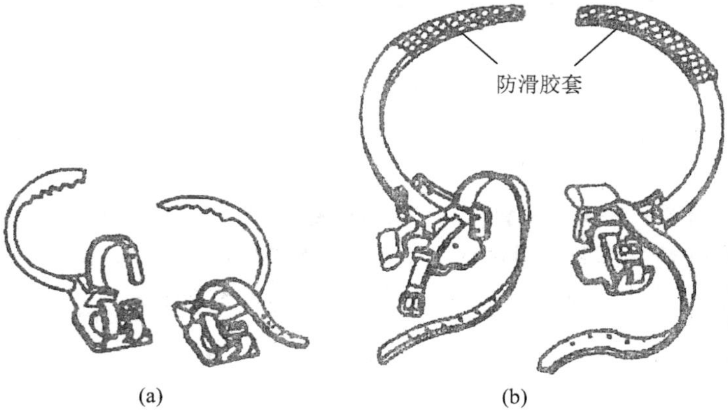

图 2-25　脚扣

登杆前首先应检查脚扣是否损伤，型号与杆径是否相配，脚扣防滑胶套是否牢固可靠，然后将安全带系于腰部偏下位置，戴好安全帽。登杆时，双手搂杆，上身离开电杆，臀部向后下方坐，使身体成弓形。当左脚向上跨扣时，左手同时向上扶住电杆；右脚向上跨扣时，右手扶住电杆。登杆过程中应注意：只有左脚踏实后，身体重心才能移到左脚上，右脚抬起，再开始移动身体，双手双脚配合要协调。以上动作如图 2-26(a)、图 2-26(b)和图 2-26(c)所示。为了保证在杆上进行作业时人体平稳，两只脚扣应按图 2-26(d)所示方法定位。

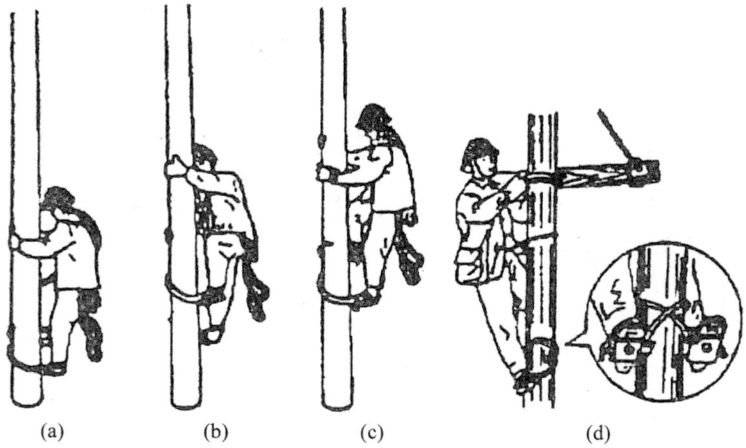

图 2-26　脚扣登杆定位方法

下杆时，同样要手脚协调配合往下移动身体，其动作与上杆时相反。

脚扣攀登速度较快，容易掌握，但在杆上操作不灵活、不舒适，容易疲劳，所以只适于在杆上短时工作用。

三、腰带、保险绳和腰绳

腰带、保险绳和腰绳是电工高空操作必备用品，其外形如图2-27所示。腰带用来系挂保险绳。腰绳应系结在臀部上部，而不是系在腰间，否则，操作时既不灵活又容易扭伤腰部。保险绳用来防止万一失足时坠地摔伤，其一端应可靠地系结在腰带上，另一端用保险钩钩挂在牢固的横担或抱箍上。腰绳用来固定人体下部，以扩大上身活动幅度，使用时应将其系结在电杆的横担或抱箍下方，要防止腰绳窜出电杆顶端而造成工伤事故。

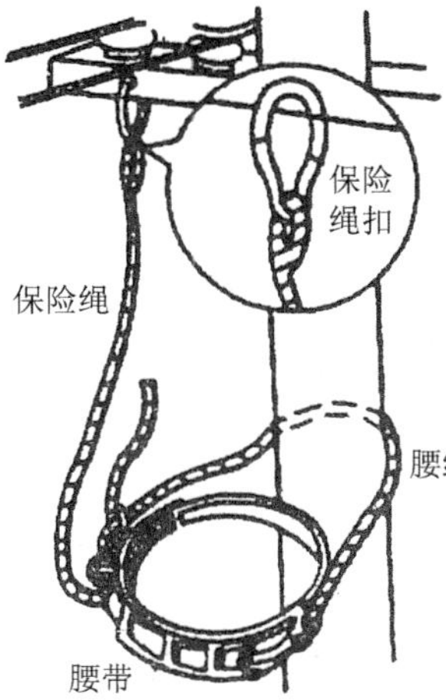

图2-27　腰带、保险绳和腰绳

四、吊绳和吊篮

吊绳和吊篮是杆上作业时用来传递零件和工具的用品。吊绳一端系结在操作者的腰带上，另一端系结吊篮垂向地面，随操作者的需要吊物上杆或送回杆下。吊篮用钢丝扎成圆桶形骨架，外面蒙覆帆布。

第四节　绝缘安全用具

电工绝缘安全用具按其功能可分为绝缘操作用具和绝缘防护用具两大类。

绝缘操作用具主要是在带电操作、测量和其他需要直接接触带电设备的环境下使用的绝缘用具。它必须具备与作业环境和操作要求相适应的绝缘强度和机械强度。常用的绝缘操作用具有绝缘操作杆和绝缘夹钳。

绝缘防护用具主要指对可能发生的电气伤害起防护作用的绝缘用具。它主要用于对泄漏电流、接触电压、跨步电压和其他危险等进行防护。常用的绝缘防护用具有绝缘手套、绝缘靴、绝缘垫和绝缘站台等。

一、绝缘操作杆

绝缘操作杆由工作部分、绝缘部分和手握部分组成，如图2-28所示。

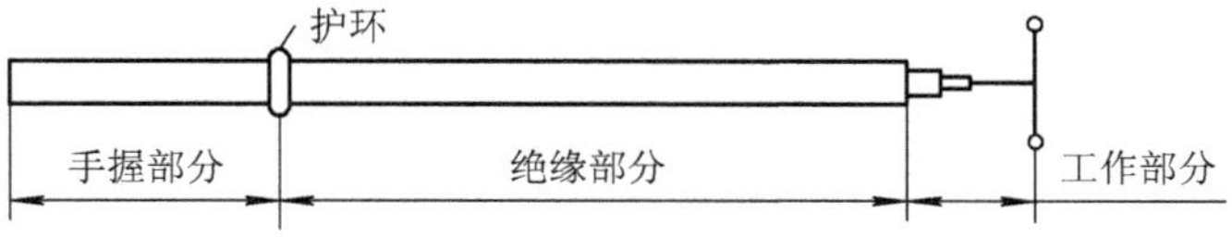

图2-28　绝缘操作杆

(1) 工作部分。它具有完成特定操作的功能，大多由金属材料制作，也有用绝缘材料制作的，其式样因功能不同而异。

(2) 绝缘部分。绝缘部分主要起隔离作用，一般采用胶木、纸箔管、塑料管、电木、环氧玻璃布管等绝缘材料制作。

(3) 手握部分。这是操作人员手握的部位，大多采用与绝缘部分相同的材料制成。绝缘部分与手握部分连接处设有绝缘罩护环，其作用是使绝缘部分与手握部分有明显的距离，提示操作人员正确把握用具。

为了保证操作人员有足够的安全距离，在不同工作电压下所使用的操作杆规格亦不相同，不可任意取用。绝缘操作杆规格与工作电压的对应关系如表2-2所列。

表 2-2　绝缘操作杆规格

规格	棒长		工作部位长度/mm	绝缘部位长度/mm	手握部位长度/mm	棒身直径/mm	钩子宽度/mm	钩子终端/mm
	全长/mm	节数						
500 V	1640	1	185	1000	455	38	50	13.5
10 kV	2000	2		1200	615			
35 kV	3000	3		1950	890			

绝缘操作杆是间接带电作业的主要工具，用于取出绝缘子，拔出弹簧销子，解开、绑扎导线操作等。使用时应注意以下事项：

(1) 必须根据线路电压等级选择相应耐压强度的绝缘杆。

(2) 绝缘杆管内必须清理干净并封堵，以防止潮气侵入。堵头可采用环氧酚玻璃布板制作，堵头与管内壁应使用环氧树脂粘牢密封。

(3) 使用前应仔细检查绝缘杆各部分的连接是否牢固，有无损坏和裂纹，并用清洁、干燥的毛巾擦拭干净。

(4) 手握绝缘杆进行操作时，手不得超过护环。

(5) 操作时要戴干净的线手套或绝缘手套，以防止因手出汗而降低绝缘杆的表面电阻，使泄漏电流增加，危及操作者的人身安全。

(6) 雨天室外使用的绝缘杆，应加装喇叭形防雨罩，防雨罩安装在绝缘部分的中部，罩的上口必须与绝缘部分紧密结合，以防止渗漏，罩的下口与杆身应保持 20～30 mm 的距离。

(7) 不使用时，绝缘杆应保存在配电室内，水平放在木架上，不可放在地上或靠墙立放，以免受潮。

二、绝缘夹钳

绝缘夹钳简称绝缘夹或绝缘钳，主要用于安装和拆卸高压熔断器的熔体或执行其他类似工作。一般用于 35 kV 及以下电力系统，35 kV 以上的电气设备禁止使用。

绝缘夹钳由工作部分(钳口)、绝缘部分和手握部分组成，如图 2-29 所示，各部分的制作材料与绝缘操作杆相同。绝缘钳的工作部分是一个紧固的夹钳，并有一个或两个管形钳口，用以夹持高压熔断器的绝缘管。

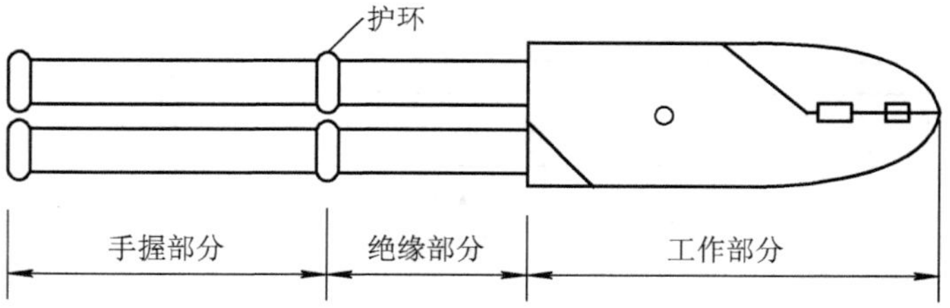

图 2-29　绝缘夹钳

绝缘夹钳的最小长度与工作电压的关系如表 2-3 所列。其使用和保管应注意以下几点：

(1) 绝缘夹钳不许用来装接地线，以免操作时接地线在空中游荡而造成接地短路和触电事故。

(2) 在潮湿环境中，应使用专用的防雨或防潮绝缘夹钳。

(3) 操作时要戴护目眼镜、绝缘手套，穿绝缘靴(鞋)或站在绝缘台(垫)上，手握绝缘夹钳应保持平衡，操作时应精神集中。

(4) 绝缘夹钳应保存在特制的箱子内，以免受潮。

表 2-3　绝缘夹钳的最小长度与工作电压的关系

电压/kV	室内设备/m		室外设备及架空线用/m	
	绝缘部分	手握部分	绝缘部分	手握部分
10 及以下	0.45	0.15	0.75	0.20
35 及以下	0.75	0.20	1.20	0.20

三、绝缘手套

绝缘手套、绝缘靴、绝缘垫和绝缘站台统称为绝缘防护用具，如图 2-30 所示。绝缘手套用绝缘性能良好的特种橡胶制成，用于防止泄漏电流、接触电压和感应电压对人体的伤害。在 1 kV 以下设备或线路上带电工作时，绝缘手套是绝缘操作用具；在 1 kV 以上带电设备上工作时，绝缘手套是绝缘防护用具。

绝缘手套应有足够的长度，戴上后，至少应超出手腕 100 mm，总长度不小于 400 mm。手套的伸入部分应有相当的长度，以便拉到上衣衣袖上。对绝缘手套有严格的电气强度要求，因此严禁用普通手套或医疗、化工用的手套来代替绝缘手套。

使用前，绝缘手套应进行外观检查，不应有粘胶、裂纹、气泡和外伤。通常采用压气法来检查绝缘手套是否漏气，即使只有微小漏气，该手套也应报废，不得继续使用。戴上绝缘手套后，手容易出汗，因此应在绝缘手套内衬上吸汗手套(如普通线手套)，以增加手与带电体的绝缘强度。

平时绝缘手套应放在干燥、阴凉处，现场应放置在特制的木架上。

(a) 绝缘手套　(b) 绝缘靴

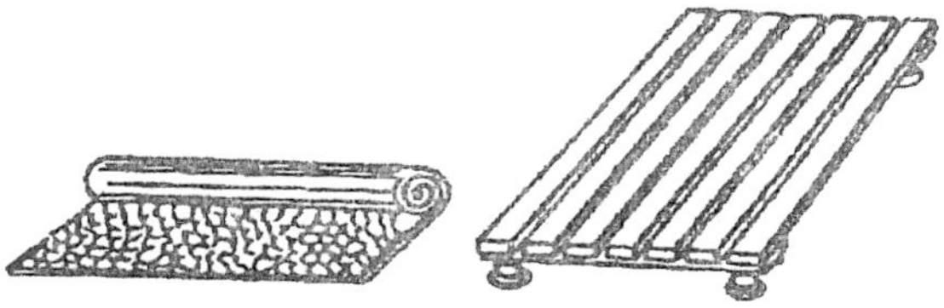

(c) 绝缘垫　(d) 绝缘站台

图 2-30　绝缘防护用具

四、绝缘靴

绝缘靴的作用是把触电危害降低到最低程度。在电气作业中，触电事故多发生在以下两种情况：一是电流通过人体造成的，二是跨步电压造成的。因此，雨天或阴暗潮湿天气，在室外操作高压设备时，除戴绝缘手套外，还应穿绝缘靴。此外，也提倡平时作业时穿绝缘靴，因为配电装置的接地网不一定能满足设计要求。

绝缘靴是用特种橡胶制成的，里面有衬布，外面不上漆，这与涂光黑漆的普通橡胶水鞋在外观上有所不同。其外形如图 2-30(b)所示。

绝缘靴不得当作雨靴使用，普通橡胶鞋也不得取代绝缘靴。绝缘靴应经常检查，如果发现严重磨损、裂纹和外伤，则应停止使用。

五、绝缘垫

绝缘垫一般铺在带电操作的地面上，以增强操作人员的对地绝缘，也可用来防止接触电压和跨步电压对人体的危害。其保护作用与绝缘靴相同，可视为一种固定的绝缘靴。

第三章　导线的连接和绝缘的恢复

敷设线路时，常常需要在分接支路的接合处或导线长度不够的地方连接导线，这个连接处通常称为接头。导线的连接方法很多，有绞接、焊接、压接和螺栓连接等，不同的连接方法适用于不同导线及不同的工作地点。导线连接无论采用哪种方法，其操作都不外乎下列四个步骤：绝缘层剥离；导线线芯连接；接头焊接或压接；绝缘恢复。

第一节　导线线头绝缘层的剖削

在连接前，必须先剖削导线绝缘层，要求剖削后的芯线长度必须符合连接需要，不应过长或过短，且不应损伤芯线。

一、塑料绝缘硬线

(一) 用钢丝钳剖削塑料硬线绝缘层

线芯截面积 4 mm^2 及以下的塑料硬线，一般可用钢丝钳剖削，方法如下：按连接所需长度，用钳头刀口轻切绝缘层，用左手捏紧导线，右手适当用力捏住钢丝钳头部，然后两手反向同时用力即可使端部绝缘层脱离芯线，如图 3-1 所示。在操作中应注意，不能用力过大，切痕不可过深，以免伤及线芯。

(二) 用电工刀剖削塑料硬线绝缘层

按连接所需长度，用电工刀刀口对导线成 45° 角切入塑料绝缘层，注意掌握使刀口刚好削透绝缘层而不伤及线芯。然后压下刀口，夹角改为约 15° 后把刀身向线端推削，把余下的绝缘层从端头处与芯线剥开，如图 3-2 所示。接着将余下的绝缘层扳翻至刀口根部后，再用电工刀切齐。

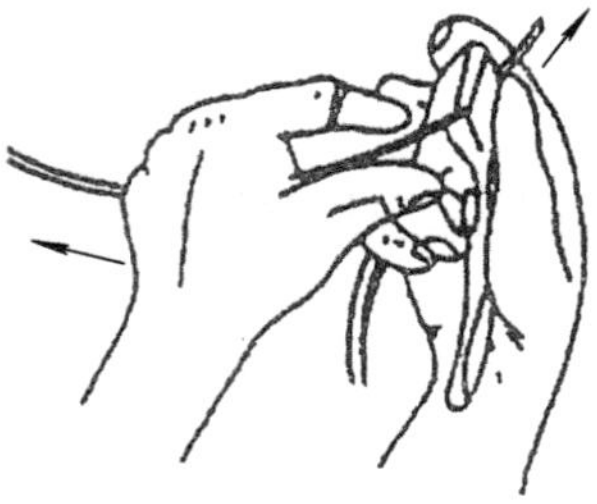

图 3-1　用钢丝钳勒去导线绝缘层

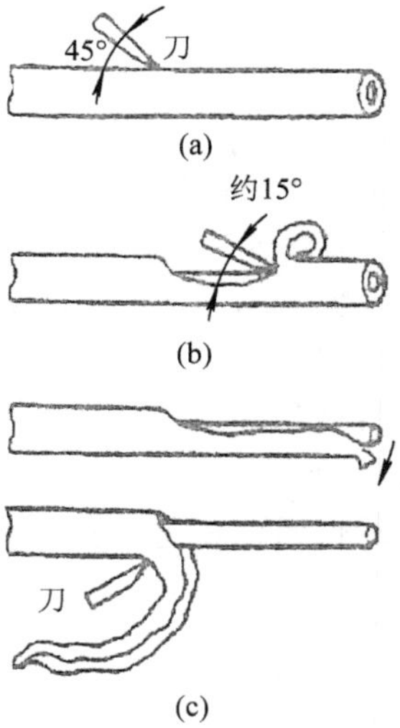

图 3-2　用电工刀

二、塑料软线绝缘层的剖削

塑料软线绝缘层剖削除用剥线钳外，仍可用钢丝钳直接剖削截面为 4 mm^2 及以下的导线。方法与用钢丝钳剖削塑料硬线绝缘层相同。塑料软线不能用电工刀剖削，因其太软，线芯又由多股铜丝组成，用电工刀极易伤及线芯。软线绝缘层剖削后，要求不存在断股(一根细芯线称为一股)和长股(即部分细芯线较其余细芯线长，出现端头长短不齐)现象。否则应切断后重新剖削。

三、塑料护套线绝缘层的剖削

塑料护套线只有端头连接，不允许进行中间连接。其绝缘层分为外层的公共护套层和内部芯线的绝缘层。公共护套层通常都采用电工刀进行剖削。常用方法有两种：一种方法是用刀口从导线端头两芯线夹缝中切入，切至连接所需长度后，在切口根部割断护套层；另一种方法是按线头所需长度，将刀尖对准两芯线凹缝划破绝缘层，将护套层向后扳翻，然后用电工刀齐根切去。

芯线绝缘层的剖削与塑料绝缘硬线端头绝缘层剖削方法完全相同，但切口相距护套层长度根据实际情况确定，一般应在 10 mm 以上，如图 3-3 所示。

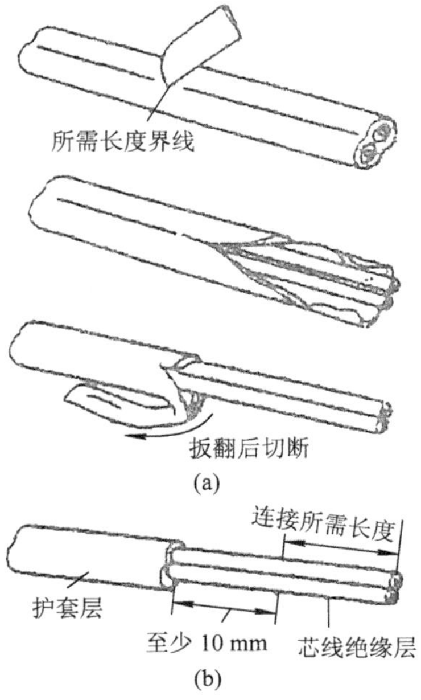

图 3-3　塑料护套线的剖削

四、花线绝缘层的剖削

花线的结构比较复杂，多股铜质细芯线先由棉纱包扎层裹捆，接着是橡胶绝缘层，外面还套有棉织管(即保护层)。剖削时先用电工刀在线头所需长度处切割一圈拉去，然后在距离棉织管 10 mm 左右处用钢丝钳按照剖削塑料软线的方法将内层的橡胶层勒去，将紧贴于线芯处棉纱层敞开，用电工刀割去。

五、橡套软电缆绝缘层的剖削

用电工刀从端头任意两芯线缝隙中割破部分护套层；然后把割破已分成两片的护套层连同芯线(分成两组)一起进行反向分拉，撕破护套层直到所需长度；再将护套层向后扳翻，在根部分别切断，如图 3-4 所示。

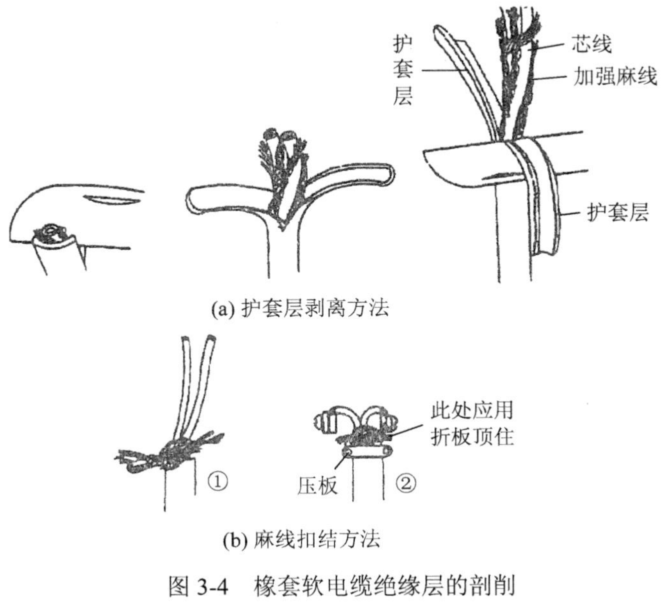

图 3-4　橡套软电缆绝缘层的剖削

橡套软电缆一般作为田间或工地施工现场临时电源馈线，使用机会较多；因而受外界拉力较大，所以护套层内除有芯线外，应有 2～5 根加强麻线。这些麻线不应在护套层切口根部被剪去，应扣结加固，余端也应固定在插头或电具内的防拉板中。如图 3-4 所示，绝缘层可按塑料绝缘软线的方法进行剖削。

六、铅包线护套层和绝缘层的剖削

铅包线绝缘层分为外部铅包层和内部芯线绝缘层。剖削时先用电工刀在铅包层上切下一个刀痕，再用双手来回扳动切口处，将其折断，将铅包层拉出来。内部芯线的绝缘层的剖削与塑料硬线绝缘层的剖削方法相同，操作过程如图 3-5 所示。

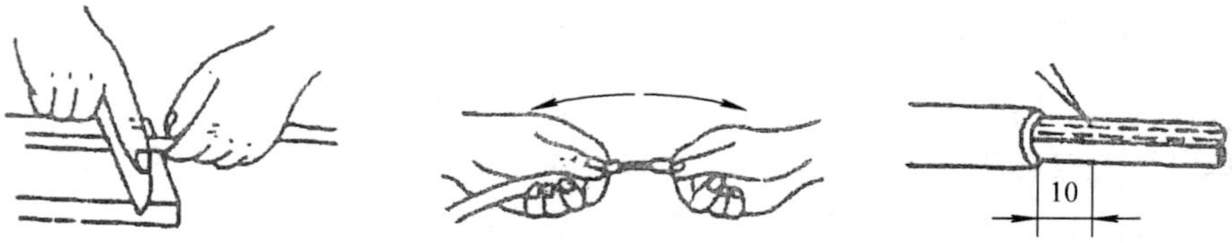

(a) 剖切铅包层　　(b) 折板和拉出铅包层　　(c) 剖削线芯绝缘层

图 3-5　铅包线绝缘层的剖削

第二节　导线的连接

一、导线连接的基本要求

导线连接的基本要求如下：

(1) 接触紧密，接头电阻小，稳定性好。与同长度同截面积导线的电阻比应不大于 1。

(2) 接头的机械强度应不小于导线机械强度的 80%。

(3) 耐腐蚀。对于铝与铝连接，如采用熔焊法，主要防止残余熔剂或熔渣的化学腐蚀。对于铝与铜连接，主要防止电化腐蚀。在接头前后，要采取措施，避免这类腐蚀的存在。否则，在长期运行中，接头有发生故障的可能。

(4) 接头的绝缘强度应与导线的绝缘强度一致。

二、铜芯导线的连接

(一) 单股铜芯线的直接连接

先按芯线直径约 40 倍长剥去线端绝缘层，并勒直芯线，再按以下步骤进行：

(1) 把两根线头在离芯线根部的 1/3 处呈 X 状交叉，如图 3-6(a)所示。

(2) 把两线头如麻花状互相紧绞两圈，如图 3-6(b)所示。

(3) 先把一根线头扳起与另一根处于下边的线头保持垂直，如图 3-6(c)所示。

(4) 把扳起的线头按顺时针方向在另一根线头上紧缠 6～8 圈，圈间不应有缝隙，且应垂直排绕。缠毕切去芯线余端，并钳平切口，不准留有切口毛刺，如图 3-6(d)和图 3-6(e)所示。

(5) 另一端头的加工方法，按上述步骤(3)～(4)操作。

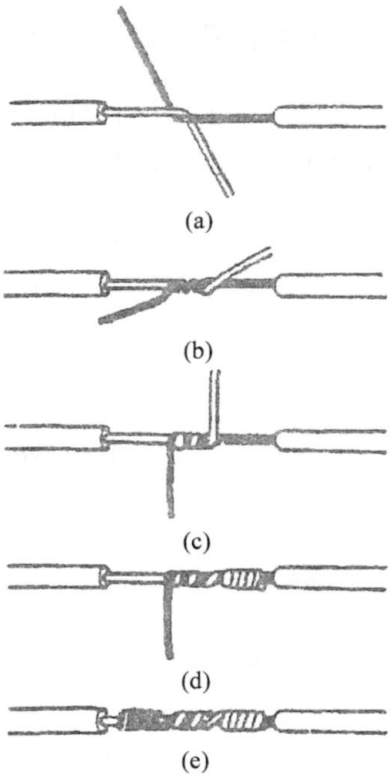

(a)

(b)

(c)

(d)

(e)

图 3-6　单股铜芯线的直接连接

(二) 单股铜芯线的T形连接

单股铜芯线的T形连接方法为：

(1) 将除去绝缘层和氧化层的支路线芯线头与干线芯线十字相交，注意在支路线芯根部留出 30～50 mm 长的裸线，如图 3-7(a)所示。

(2) 按顺时针方向将芯线在干线芯线上紧密缠绕 6～8 圈，用钢丝钳剪去多余线头并钳平线芯末端，如图 3-7(b)所示。

(a)　(b)

图 3-7　单股铜芯线的T形连接

(三) 单股铜芯线与多股铜芯线的分支连接

先按单股线芯线直径约 20 倍的长度剥除多股线连接处的中间绝缘层，并按多股线的单股芯线直径的 100 倍左右长度剥去单股线的线端绝缘层，并勒直芯线，再按以下步骤进行：

(1) 在离多股线的左端绝缘层切口 3～5 mm 处的线上，用一字旋具把多股芯线分成较均匀的两组(如 7 股线的芯线以 3、4 分)，如图 3-8(a)所示。

(2) 把单股芯线插入多股线的两组芯线中间，但单股线芯线不可插到底，应使绝缘层切口离多股芯线约 3 mm。同时，应尽可能使单股芯线向多股芯线的左端靠近，使其距多股线绝缘层切口的距离不大于 5 mm。接着用钢丝钳把多股线的插缝钳平、钳紧，如图 3-8(b)所示。

(3) 把单股芯线按顺时针方向紧缠在多股芯线上，务必要使每圈直径垂直于多股线芯线的轴心，并应使各圈紧挨密排，应绕足 10 圈，然后切断余端，钳平切口毛刺，如图 3-8(c)所示。

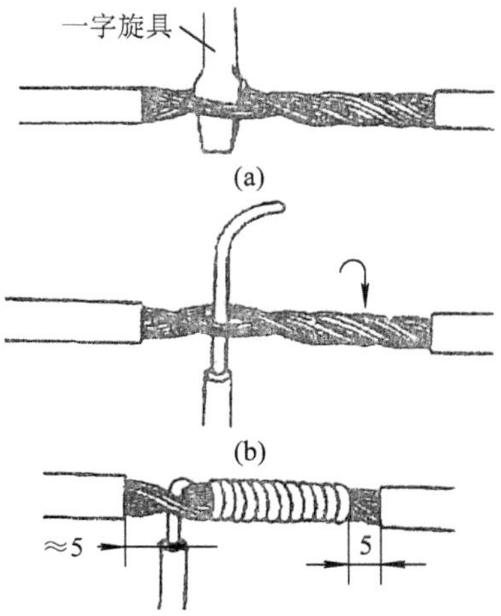

图 3-8　单股铜芯线与多股铜芯线的分支连接

(四) 多股铜芯线的连接

先按多股线中的单股芯线直径的 100～150 倍长度(单股芯线直径越大，所取倍数也应越大，反之应越小)剥离两线端绝缘层，再按以下步骤进行：

(1) 先将离绝缘层切口约为全长 2/5 处的芯线，作进一步绞紧，接着应把余下 3/5 芯线松散开，并形成伞骨状，然后勒直每股芯线，如图 3-9(a)所示。

(2) 把两伞骨状线端隔股对叉，必须相对叉到底，如图 3-9(b)所示。

(3) 捏平叉入后的两侧所有芯线，并理直每股芯线并使每股芯线的间隔均匀。同时用钢丝钳钳紧叉口处，消除空隙，如图 3-9(a)所示。

(4) 先在一端把邻近两股芯线在距叉口中线约 3 根单股芯线直径宽度处折起，并形成 90° 角，如图 3-9(d)所示。

(5) 接着把这两股芯线按顺时针方向紧缠两圈后，再折回 90° 并平卧在扳起前的轴线位置上，如图 3-9(e)所示。

(6) 接着把处于紧挨平卧前邻近的两根芯线折成 90°，并按步骤(5)的方法加工，如图 3-9(f)所示。

(7) 把余下的三根芯线按步骤(5)的方法缠绕至第 2 圈时，把前四根芯线分别切断并钳平，接着把三根芯线缠足三圈，然后剪去余端，钳平切口，不留毛刺，如图 3-9(g)所示。

(8) 另一侧按步骤(4)～(7)方法进行加工。

(五) 多股铜芯线的分支连接

先将干线在连接处按支线的单根芯线直径约 60 倍长剥去绝缘层。支线线头绝缘层的剥离长度约为干线单根芯线直径的 80 倍左右，再按以下步骤进行：

(1) 把支线线头离绝缘层切口根约 1/10 的一段芯线作进一步绞紧，并把余下的约 9/10 芯线头松散，并逐根勒直后分成较均匀且排成并列的两组(如 7 股线按 3、4 分)，如图 3-10(a)所示。

(2) 在干线芯线中间略偏一端部位，用一字旋具插入芯线股间，分成较均匀的两组。接着把支路略多的一组芯线头插入干线芯线的缝隙中，并插足。同时移动位置，要使干线芯线约以 2/5 和 3/5 分留两端，即 2/5 一段供支线 3 股芯线缠绕，3/5 一段供 4 股芯线缠绕，如图 3-10(b)所示。

(3) 先钳紧干线芯插口处，接着把支线 3 股芯线在干线芯线上按顺时方向垂直地紧排缠至 3 圈，剪去多余的线头，钳平端头，修去毛刺，如图 3-10(c)所示。

(4) 按步骤(3)的方法缠绕另 4 股支线芯线头，但要缠足 4 圈，芯线端口也应不留毛刺，如图 3-10(d)所示。

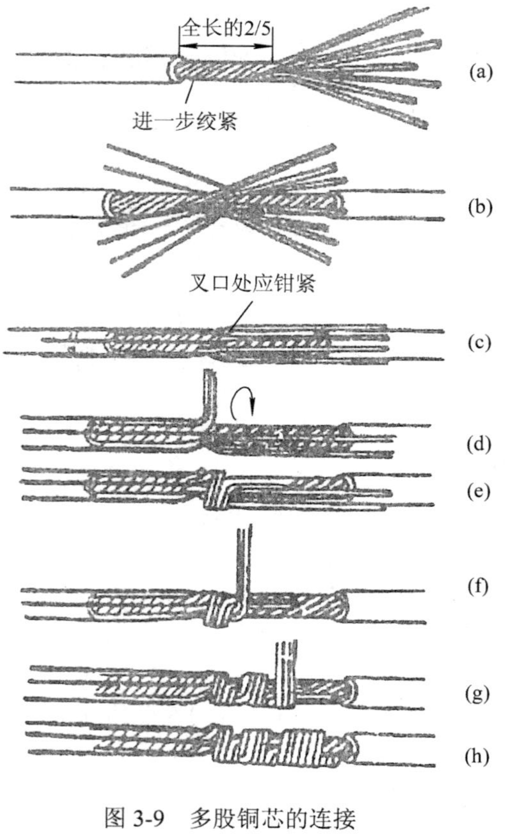

图 3-9　多股铜芯的连接

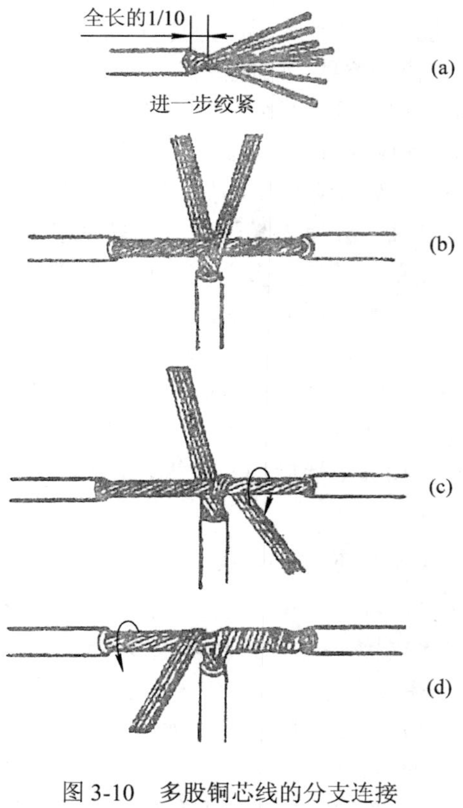

图 3-10　多股铜芯线的分支连接

(六) 多根单股线的并头连接

(1) 把每根导线的绝缘层剥去，所需长约为 30 mm，并逐一勒直每根芯线端，如图 3-11(a)所示。

(2) 把多根导线捏合成束，并使芯线端彼此紧贴，然后用钢丝钳把成束的芯线端按顺时针方向绞紧，使之呈麻花状，如图 3-11(b)所示。

(3) 接着的加工方法是：

截面积在 2.5 mm^2 以下的按如下步骤：

① 把已绞成一体的多根芯线端剪齐，但芯线端净长不应小于 25 mm，接着在其 1/2 处用钢丝钳折弯。

② 在已折弯的多根绞合芯线端头端口，用钢丝钳再绞紧一下，然后继续弯曲，使两芯线呈并列状，并用钢丝钳钳紧，使之处处紧贴。

截面积超过 2.5 mm^2 的按如下步骤：

① 把已绞成一体的多根芯线端剪齐，但芯线端的净长不应小于 20 mm。

② 在绞紧的芯线端头上，用电烙铁焊锡，必须使锡液充分渗入每一芯线缝隙中，锡层表面应光洁圆润，不留毛刺。然后彻底擦净端头上残留的焊锡膏，以免日后腐蚀芯线。

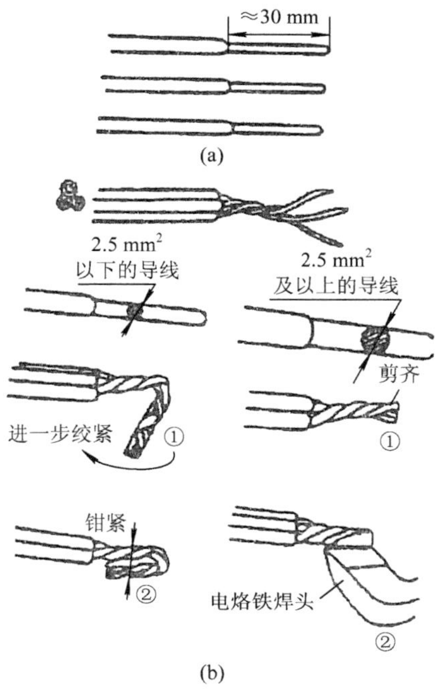

图 3-11　多根单股线的并头连接

三、导线与接线柱的连接

接线柱又称接线桩或接线端子，是各种电气装置或设备的导线连接点。导线与接线柱的连接是保证装置或设备安全运行的关键工序，必须接得正规可靠。

(一) 导线与针孔式接线柱的连接方法

(1) 单股芯线端头应折成双根并列状后，再以水平状插入承接孔，并能使并列面承受压紧螺钉的顶压。芯线端头所需长度应是两倍孔深，如图 3-12(a)所示。

(2) 芯线端头必须插到孔的底部。凡有两个压紧螺钉的，应先拧紧孔口的一个，再拧紧近孔底的一个，如图 3-12(b)所示。

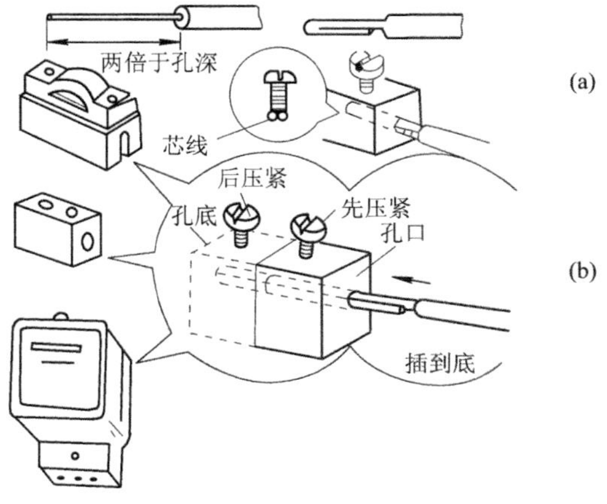

图 3-12　导线与针孔式接线柱的连接

(二) 导线与小容量平压柱的连接方法

(1) 对绝缘硬线芯线端头必须先弯成压接圈。压接圈的弯曲方向必须与螺钉的拧紧方向一致，否则圈会随螺钉的拧紧而扩大，有从接线柱中脱出的可能，如图 3-13(a)所示。

(2) 圈孔不宜弯得过大或过小，只要稍大于螺钉直径即可，如图 3-13(b)所示。

(3) 圈根部绝缘层不可剥去太多，4 mm^2 及以下的导线，一般留有 3 mm 间隙已足够，螺钉尾就不会压着圈根绝缘层，但也不能留得过少，以免绝缘层被压入，如图 3-13(c)所示。

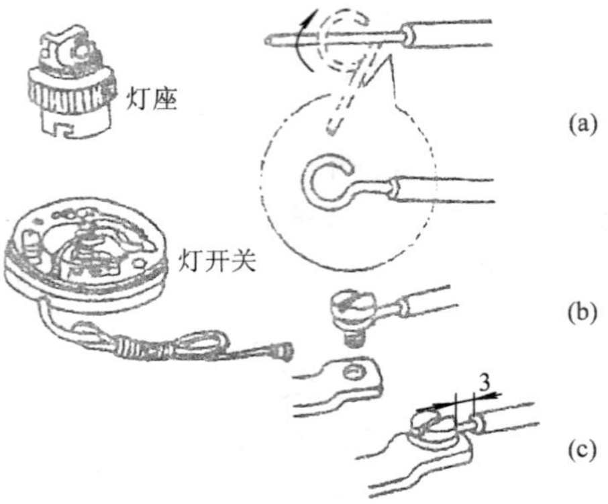

图 3-13　导线与小容量平压柱的连接

(三) 股线压接圈弯制方法

(1) 把剥去绝缘层的 7 股线端头在全长 3/7 部位处重新绞紧，如图 3-14(a)所示。

(2) 按稍大于螺栓直径的尺寸进行弯曲：开始弯曲时，应先把芯线朝外折成约 45°，然后逐渐弯成圆圈状，如图 3-14(b)所示。

(3) 形成圆圈后，把余端芯线一根根理直，并贴紧根部芯线，如图 3-14(c)所示。

(4) 把已弯成圆圈的线端翻转，然后选出处于最外侧且邻近的两根芯线扳成直角，如图 3-14(d)所示。

(5) 在离圈外沿约 5 mm 处进行缠绕。加工方法与多股线缠绕对接完全一样，如图 3-14(e)所示。

(6) 成形后经过修整，使压接圈及圈柄部分平整挺直，且在圈柄部分焊锡后恢复绝缘，如图 3-14(f)所示。

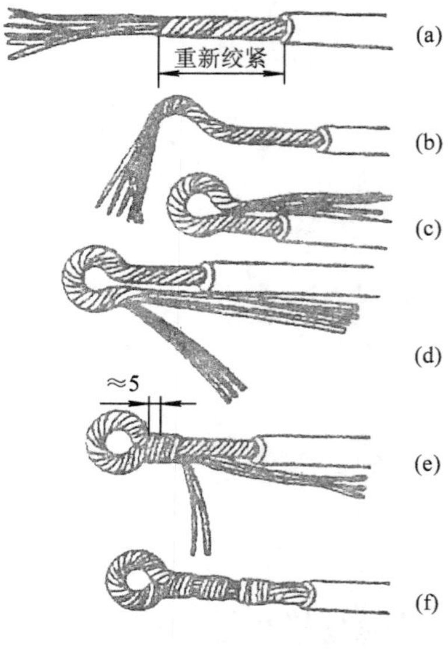

图 3-14　7 股线压拉圈弯制方法

(四) 头攻头连接方法

1. 在针孔柱上

在针孔柱上，头攻头的连接方法为：

(1) 按针孔深约两倍的长度，并再加约 5～6 mm 的芯线根部，剥离导线连接点的绝缘层，如图 3-15(a)所示。

(2) 在剥去绝缘层的芯线中间对折，成双根并列状态，并在两芯线根部反向折成 90° 转角，如图 3-15(b)所示。

(3) 把双根并列的芯线端头插入针孔，并拧紧螺钉，如图 3-15(c)所示。

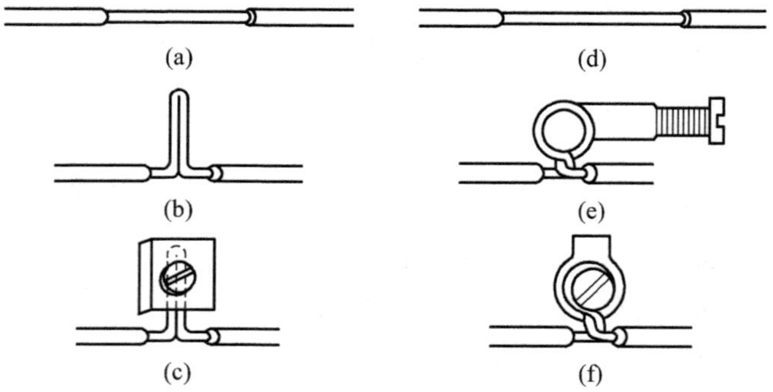

图 3-15　头攻头连接方法

2. 在平压柱上

在平压柱上的连接方法为：

(1) 按接线柱螺钉直径约 6 倍长度剥去导线连接点绝缘层，如图 3-l5(d)所示。

(2) 以剥去绝缘层芯线的中点为基准，按螺钉规格弯曲成压紧圈后，用钢丝钳紧夹住压接圈根部，把两根部芯线互绞一转，使压接圈呈如图 3-15(e)所示形状。

(3) 把压接圈套入螺钉后拧紧，如图 3.15(f)所示。

四、电磁线头的连接

电机和变压器绕组用电磁线绕制，无论是重绕或维修，都要进行导线的连接，这种连接可能在线圈内部进行，也可能在线圈外部进行。连接前，可用细砂布将漆包线绝缘层擦去，或用刀片将绝缘层刮去。

(一) 线圈内部的连接

(1) 直径在 2 mm 以下的圆铜线，通常是先绞接后钎焊，截面积较小的漆包线的绞接如图 3-16(a)所示。绞接时要均匀，截面积较大的漆包线的绞接如图 3.16(b)所示。两根线头互绕尽可能多圈，两端要封口，不能留下毛刺。

(2) 直径大于 2 mm 的漆包线的连接通常采用套管套接后再钎焊的方法。套管用镀锡的薄铜片卷成，在接缝处留有缝隙，选用时注意套管内径与线头大小配合，其长度为导线直径的 8 倍左右，如图 3-16(c)所示。连接时将两根线头相对插入套管，使两线头端部对接在套管中间位置，再进行钎焊。钎焊时使锡液从套管侧缝充分浸入内部，注满各处缝隙，将线头和导管铸成整体。

(a) 较小截面的绞接　　(b) 较大截面的绞接　　(c) 接头的连接套管

图 3-16　线圈内部端头连接方法

(3) 对截面积不超过 2.5 mm^2 的矩形电磁线，也用套管连接。工艺同上。

套管铜皮的厚度应选 0.6～0.8 mm 为宜，套管的横截面积以电磁线横截面积的 1.2～1.5 倍为宜。

(二) 线圈外部的连接

线圈外部连接通常有两种情况：

(1) 线圈间的串、并联以及星形、三角形连接等。这类线头的连接，对小截面导线，仍采用先绞接后钎焊的方法，对较大截面导线，可用乙炔气焊。

(2) 制作圈引出端头。用如图 3-17(b)所示的接线端子(接线耳)或用压接钳压接，如图 3-17(d)所示。若不用压接方法，也可直接钎焊。

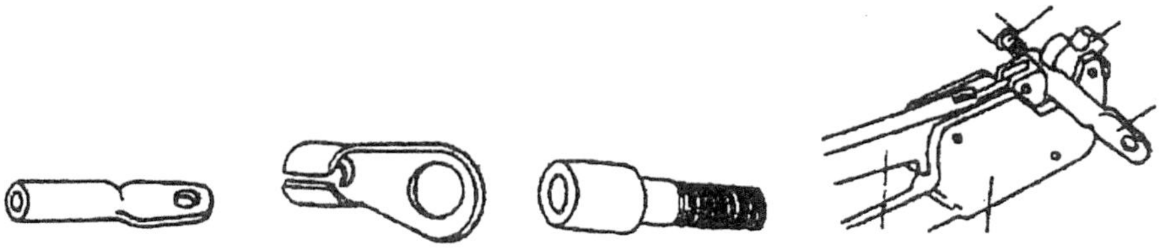

(a) 小载流量接线耳　(b) 大载流量接线耳　(c) 接线桩螺钉　(d) 导线线头与接线头的压接方法

图 3-17　接线耳与接线桩螺钉

五、铝芯导线的连接

(一) 小规格铝线的连接方法

(1) 截面积在 4 mm^2 以下的铝线，允许直接与接线柱连接，但连接前必须清除氧化铝薄膜。方法是：

在芯线端头上涂沫一层中性凡士林，然后用细钢丝刷或铜丝刷刷擦芯线表面，再用清洁的棉纱或破布抹去含有氧化铝膜屑的凡士林，但不要彻底擦干净表面的所有凡士林。

(2) 各种形状接点的弯制和连接方法，与小规格铜质导线的各种连接方法相同，均可参照应用。

(3) 铝线质地很软，压紧螺钉虽应紧压住线头，不允许松动，但也应避免一味拧紧螺钉而把铝芯线头压扁或压断。

(二) 钳接管连接

(1) 在导线表面和钳接管内壁分别清除干净氧化层，如图 3-18 所示。

(2) 把两线端相对而重叠地穿过钳接管，使线头穿出钳接管 25～30 mm，如图 3-18(b)所示。

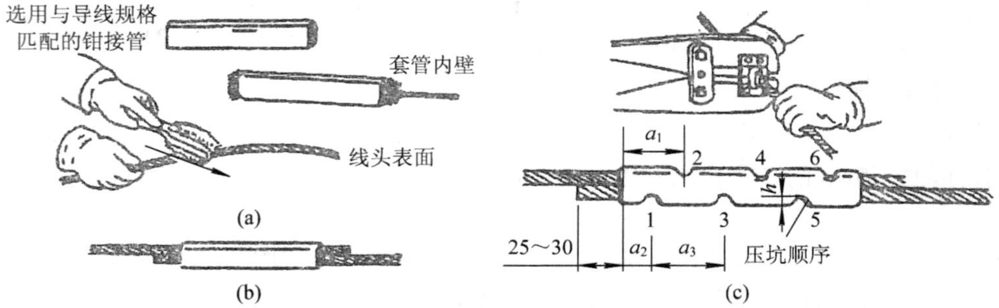

图 3-18　钳接管连接方法

(3) 用剪式压接钳压坑，钳头的压模必须与钳接管规格相匹配，并按表 3-1 所列规格尺寸，按图 3-18(c)所示压坑顺序进行压坑。

表 3-1　铝绞线钳接管压坑要求

导线规格/mm²	压坑部位尺寸/mm			压坑深度	应压坑数
	a_1	a_2	a_3	h/mm	
16	28	20	34	10.5	6
25	32	20	36	12.5	6
35	36	25	43	14.0	6
50	40	25	45	16.5	8
70	44	28	50	19.5	8
70	44	28	50	19.5	8
95	48	32	56	23.0	10
120	52	33	59	26.0	10

(三) 铜线与铝线的连接

铜线与铝线连接在一起时，日久铝会产生电化腐蚀，因此，对于较大负荷的铜线与铝线连接应采用铜铝过渡连接管。使用时，连接管的铜端插入铜导线，连接管的铝端插入铝导线，利用局部压接法压接，方法同钳接管连接相似。

第三节　导线的封端

安装好的配线最终要与电气设备相连，为了保证导线线头与电气设备接触良好并具有较强的机械性能，对于多股铝线和截面大于 2.5 mm² 的多股铜线，都必须在导线终端焊接或压接一个接线端子，再与设备相连。这种工艺过程叫作导线的封端。

一、铜导线的封端

(1) 锡焊法：锡焊前，先将导线表面和接线端子孔用砂布擦干净，涂上一层无酸焊锡膏，将线芯搪上一层锡；然后把接线端子放在喷灯火焰上加热，当接线端子烧热后，把焊锡熔化在端子孔内，并将搪好锡的线芯慢慢插入；待焊锡完全渗透到线芯缝隙中后，即可停止加热。

(2) 压接法将表面清洁且已加工好的线头直接插入内表面已清洁的接线端子线孔，用压接钳压接。

二、铝导线的封端

铝导线一般用压接法封端。压接前，剥掉导线端部的绝缘层，其长度为接线端子孔的深度加上 5 mm，除掉导线表面和端子内壁的氧化膜，涂上中性凡士林，再将线芯插入接线端子内，用压接钳进行压接。当铝导线出线端与设备铜端子连接时，由于存在电化腐蚀问题，因此应采用预制好的铜铝过渡接线端子，压接方法同前所述。

第四节　导线绝缘层的恢复

绝缘导线的绝缘层，因连接需要被剥离后，或遭到意外损伤后，均须恢复绝缘层；而且经恢复的绝缘性能不能低于原有的标准。在低压电路中，常用的恢复材料有黄蜡布带、聚氯乙烯塑料带和黑胶布等多种，一般采用 20 mm 这种规格，其包缠方法如下：

(1) 包缠时，先将绝缘带从左侧的完好绝缘层上开始包缠，应包入绝缘层 30～40 mm 左右，包缠绝缘带时，要用力拉紧。带与导线之间应保持约 45° 倾斜。如图 3-19(a)所示。

(2) 进行每圈斜叠缠包，后一圈必须包入与始端同样长度的绝缘带，然后接上黑胶布，并应使黑胶布包出绝缘带，如图 3-19(b)所示。

(3) 包至另一端也必须包入与始端同样长度的绝缘带，然后接上黑胶布，并应使黑胶布包出绝缘带层至少半根带宽，即必须使黑胶布完全包没绝缘带，如图 3-19(c)所示。

(4) 黑胶布也必须进行 1/2 叠包，包到另一端也必须完全包没绝缘带，收尾后应用双手的拇指和食指紧捏黑胶布两端口，进行一正一反方向拧旋，利用黑胶布的粘性，将两端口充分密封起来，尽可能不让空气流通。这是一道关键的操作步骤，决定着加工质量的优劣，如图 3-19(d)所示。

在实际应用中，为了保证经恢复的导线绝缘层的绝缘性能达到或超过原有标准，一般均包两层绝缘带后再包一层黑胶布。

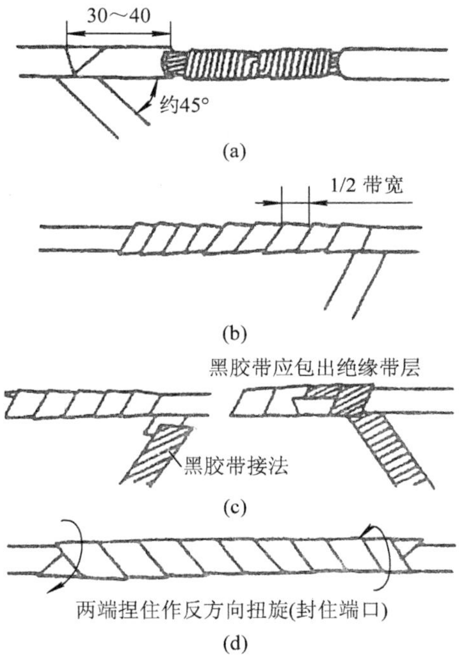

图 3-19　对接接点绝缘层的恢复

第四章　常用电工仪表

第一节　电工仪表基本知识

测量电流、电压、功率等电量和测量电阻、电感、电容等电路参数的仪表，统称为电工仪表。电工仪表对电气系统的检测、监视和控制都具有极为重要的作用。

一、电工仪表的分类

电工仪表的品种规格很多，按测量对象的不同，分为电流表(安培表)、电压表(伏特表)、功率表(瓦特表)、电度表(千瓦·时表)、欧姆表等；按工作原理的不同，分为磁电式、电磁式、电动式、感应式和静电式等；按测量电流种类的不同，分为交流表、直流表、交直流两用表等；按精确度等级的高低，分为 0.1、0.2、0.5、1.0、1.5、2.5、5.0 等不同等级；按读数装置的不同，分为指针式、数字式等；按使用性质和安装方法的不同，分为固定式(开关板式)和携带式。

二、电工仪表板上常见符号

通常，每一块电工仪表的面板上都标出各种符号，表示该仪表的使用条件、结构、精确度等级和所测电气参数的范围，为该仪表的选择和使用提供重要依据。根据国家标准，将电工仪表面板上常见号符列于表 4-1。

表 4-1　电工仪表面板上常见符号

符号	名称	符号	名称	符号	名称
电表和附件工作原理符号		电表和附件工作原理符号		工作位置符号	
	磁电式仪表		感应式仪表	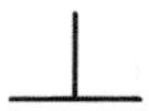	标度尺位置为垂直
	磁电式比率表		静电式仪表	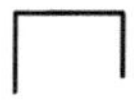	标度尺位置为水平
	电磁式仪表	电表按外界条件分组的符号		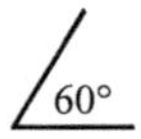	标度尺与水平倾角为 60°
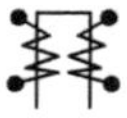	电磁式比率表			绝缘等级符号	
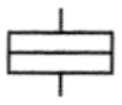	电动式仪表		I 级防外磁场(如磁电式)		
	电动式比率表	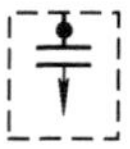	I 级防外电场(如静电式)		不进行绝缘耐压试验
	铁磁电动式仪表	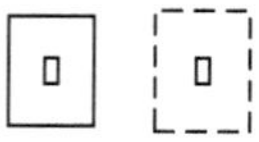	II 级防外磁场及电场		绝缘强度试验电压为 500 V
	铁磁电动式比率表				绝缘强度试验电压为 2 kV

续表

符号	名称
测量单位符号	
A	安培
mA	毫安
μA	微安
kV	千伏
V	伏特
mV	毫伏
kW	千瓦
W	瓦特
kVar	千乏
Var	乏
kHz	千赫
Hz	赫兹
MΩ	兆欧
kΩ	千欧
Ω	欧姆
$\cos\varphi$	功率因数
μF	微法
pF	皮法

符号	名称
电流种类及不同额定值标准符号	
—	直流
～	交流
$\overline{\sim}$	交、直流
3N～	三相交流
$U_{max}=1.5U_H$	最大容许电压为额定值的 1.5 倍
$I_{max}=2I_H$	最大容许电流为额定值的 2 倍
R_d	定值导线
$\frac{I_1}{I_2}=\frac{500}{5}$	接电流互感器 500 A：5 A
$\frac{U_1}{U_2}=\frac{3000}{100}$	接电压互感器 3000 V：100 V
精确度符号	
1.5	以标度尺量程百分数表示的精确度等级，例如 1.5 级

符号	名称
精确度符号	
∨1.5	以标度尺长度百分数表示的精确度等级，例如 1.5 级
⓵.5（圆圈内 1.5）	以指示值的百分数表示的精确度等级，例如 1.5 级
端钮、转换开关、调零器和止动器符号	
+	正端钮
—	负端钮
✳	公共端钮
～	交流端钮
⏚	接地端钮(螺丝和螺杆)
⌒	调零器
↑	止动方向

三、电工仪表的选择

要完成一项电工测量任务，首先要根据测量的要求，合理选择仪表和测量方法。所谓合理选择仪表，就是根据工作环境、经济指标和技术要求等恰当地选择仪表的类型、精度和量程，并选择正确的测量电路和测量方法，以达到要求的测量精确度。下面介绍仪表选择的主要内容。

(一) 仪表精确度的选择

仪表的精确度指仪表在规定条件下工作时，在它的标度尺工作部分的全部分度线上，可能出现的基本误差。基本误差是在规定条件下工作时，仪表的绝对误差与仪表满量程之比的百分数。仪表的精确度等级用来表示基本误差的大小。精确度等级越高，基本误差越小。根据国家标准(GB776—76)，电工仪表精确度分为七级：0.1，0.2，0.5，1，1.0，1.5，2.5，5.0。精确度等级与基本误差如表 4-2 所列。

表 4-2　仪表等级和基本误差值

仪表等级	0.1	0.2	0.5	1.0	1.5	2.5	5.0
基本误差	±0.1	±0.2	±0.5	±1.0	±1.5	±2.5	±5.0

准确度是仪表最基本的技术特性。选择仪表的精确度必须从测量要求出发，根据实际需要来选择。因为高精度的仪表价格高，而且使用它有许多严格的操作规范和复杂的维护保养条件。随意提高仪表的精确度，会增加不必要的经济开支，却不一定能取得满意的测量效果。

通常，0.1、0.2 级仪表作为标准表或用于精密测量，0.5、1.0 级仪表用于实验室测量，1.5 级以下的仪表用于一般工程测量。

(二) 仪表类型的选择

实用中，选择仪表类型要注意以下几个方面：

(1) 测量对象是直流信号还是交流信号。测量直流信号，一般可选用磁电式仪表，如果用磁电式仪表测量交流电流和电压，还需要加整流器。测量交流信号一般选用电动式或电磁式仪表。由于电动式仪表的固定线圈可以通过直流，也可以通过交流，所以电动式仪表除了可以做成精确度较高的交直流两用电流表和电压表以外，还可以做成测量功率用的功率表，以及做成测量相位和频率用的相位表和频率表。

(2) 被测交流信号是低频还是高频。对于 50 Hz 工频交流信号，电磁式和电动式仪表都可以使用。

(3) 被测信号的波形是正弦波还是非正弦波。若产品说明书中无专门说明，则测量仪表一般都以正弦波的有效值划分刻度。这些仪表内部都以平均值方式转换，划分刻度时再乘以 1.1 得出有效值。测量非正弦信号时，若仪表内部以平均值方式转换，则测量的显示结果出现差错，因为 1.1 的倍数关系不再成立。

(三) 仪表量程的选择

由于基本误差是以绝对误差与满量程之比的百分数取得的，因此对同一只仪表来说，在不同量程上，其相对误差是不同的。例如，用 150 V、0.5 级的电压表测量 100 V 电压，测量结果中可能出现的最大绝对误差值 ΔU_{m} 为

$$\Delta U_{\mathrm{m}} = \pm 0.5\% \times 150 = \pm 0.75\ (\mathrm{V})$$

相对误差 δ_{m1} 为

$$\delta_{\mathrm{m1}} = \frac{\Delta U_{\mathrm{m}}}{U_1} \times 100\% = \frac{\pm 0.75}{100} \times 100\% = \pm 0.75\%$$

如果将此电压表用来测量 20 V 电压，则可能出现的最大相对误差 δ_{m2} 为

$$\delta_{\mathrm{m2}} = \frac{\Delta U_{\mathrm{m}}}{U_2} \times 100\% = \frac{\pm 0.75}{20} \times 100\% = \pm 3.75\%$$

上述结果表明，δ_{m2} 是 δ_{m1} 的 5 倍。由此可见，测量误差不仅与仪表精确度有关，而且与量程的使用也有密切关系。只有量程选择合理，仪表精确度才有意义；若量程选择不当，将会出现较大测量误差。为了充分利用仪表的精确度，被测量一般应为仪表量程的 70%以上。

(四) 仪表内阻的选择

测量时，电压表与被测电路并联，电流表与被测电路串联，仪表内阻对被测电路的工作状态会产生影响。为了减小内阻对被测电路工作状态的影响，电压表的内阻应尽量大些，量程越大，电阻也应越大；电流表的内阻应尽量小些，量程越大，内阻应越小。

第二节　常用电工仪表的使用

本节讲述几种常用电工仪表的使用方法与注意事项等内容。

一、万用表

万用表是一种可以测量多种电量的多量程便携式仪表。可用来测量交流电压、直流电流和电阻值等，是维修电工必备的测量仪表之一。现以 500 型万用表为例，介绍其使用方法及使用时的注意事项。

(一) 万用表表棒的插接

测量时将红表棒短杆插入“+”插孔，黑表棒短杆插入“–”插孔。测量高压时，应将红表棒短杆插入 2500 V 插孔，黑表棒短杆仍旧插入“–”孔。

(二) 交流电压的测量

测量交流电压时，将万用表右边的转换开关置于 $\frac{V}{\backsim}$ 位置，左边的转换开关(量程选择)选择到交流电压所需的某一量限位置上。表棒不分正负，用手握住两表缘部位，将两表棒金属头分别接触被测电压的两端，观察指针偏转与读数，然后从被测电压端断开表棒。如果不清楚被测电压的高低，则应选择表的最大量限，交流 500 V 试测，若指针偏转小，就逐级调低量限，直到合适的量限时，进行读数，交流电压量限有 10 V、50 V、250 V 和 500 V 四挡。

读数：量限选择在 50 V 及 50 V 以上各挡时，读 $\overline{\backsim}$ 标度尺，即标度盘至上而下的第二行标度尺读取测量值；选择交流 10 V 量限时，应读交流 10 V 专用标度尺，即标度盘至上而下的第三行标度尺读取测量值。各量限表示为满刻度值。

例如，量限选择为 250 V，表针指示为 200，则测量读数为 200 V。

(三) 测量直流电压的方法

测量直流电压时，将万用表右边的转换开关置于 $\frac{V}{\backsim}$ 位置，左边的转换开关(量程选择)选择到直流电压所需的某一量限位置上。用红表棒金属头接触被测电压的正极，黑表棒金属头接触被测电压负极。测量直流电压时，表棒不能接反，否则易损坏万用表。若不清楚被测电压的正负极，可用表棒轻而快地碰触一下被测电压的两极，观察指针偏转方向，确定出正负极后再进行测量。如被测电压的高低不清楚，量限的选择方法与交流电压的量限选择相同。

直流电压与交流电压读同一条标度尺。

(四) 测量直流电流的方法

测量直流电流时，将左边的转换开关置于 A 位置，右边的转换开关选择在直流电流所需的某一量限。再将两表棒串接在被测电路中，串接时注意按电流从正到负的方向。若被测电流方向或大小不清楚时，可采用前面讲的方法进行处理。

直流电流的读数与交、直流电压同读一条标度尺。

(五) 测量电阻值的方法

测量电阻时，将左边的转换开关置于 Ω 位置，右边的转换开关置于所需的某一 Ω 挡位。再将两表棒金属头短接，使指针向右偏转，调节调零电位器，使指针指示在欧姆标度尺“0 Ω”位置上。欧姆调零后，用两表棒分别接触被测电阻两端，读取测量值。测量电阻时，每转换一次量限挡位需要进行一次欧姆调零，以保证测量的准确性。

读数：读 Ω 标度尺，即标度盘上第一条标度尺。将读取的数再乘以倍率数就是被测电阻的电阻值。

例如，当万用表左边转换开关置于 Ω 位置，右边转换开关置于 100 挡位时，读数为 15，则被测电阻的电阻值为 $15 \times 100 = 1500\ (\Omega)$。

(六) 使用万用表时应注意的事项

(1) 使用万用表时，应仔细检查转换开关位置选择是否正确，若误用电流挡或电阻挡测量电压，会损坏万用表。

(2) 万用表在测试时，不能旋转转换开关。需要旋转转换开关时，应让表棒离开被测电路，以保证转换开关接触良好。

(3) 电阻测量必须在断电状态下进行。

(4) 为提高测试精度，倍率选择应使指针所指示被测电阻之值尽可能指示在标度尺中间段。电压、电流的量限选择，应使仪表指针得到最大的偏转。

(5) 为确保安全，测量交直流 2500 V 量限时，应将测试表棒一端固定在电路低电位上，另一测试表棒去接触被测高压电源。测试过程中应严格执行高压操作规程，双手必须带高压绝缘手套，地板上应铺置高压绝缘胶板。

(6) 仪表在携带时或每次用毕后，最好将两转换开关旋至“·”位置上，使表内部电路呈开路状态。

二、兆欧表

(一) 兆欧表的选用

选用兆欧表时，其额定电压一定要与被测电器设备或线路的工作电压相适应，测量范围也应与被测绝缘电阻的范围相吻合。表 4-3 列举了一些在不同情况下兆欧表的选用要求。

表 4-3　不同额定电压的兆欧表的选用

测量对象	被测绝缘的额定电压/V	所选兆欧表的额定
线圈绝缘电阻	500 以下	500
	500 以上	1000
电机及电力变压器线圈绝缘电阻	500 以上	1000～2500
发电机线圈绝缘电阻	380 以下	1000
电气设备绝缘	500 以下	500～1000
	500 以上	2500
绝缘子	—	2500～5000

(二) 兆欧表的接线和使用方法

兆欧表有三个接线柱，上面分别标有线路(L)、接地(E)和屏蔽或保护环(G)。用兆欧表测量绝缘电阻时的接法如图 4-1 所示。

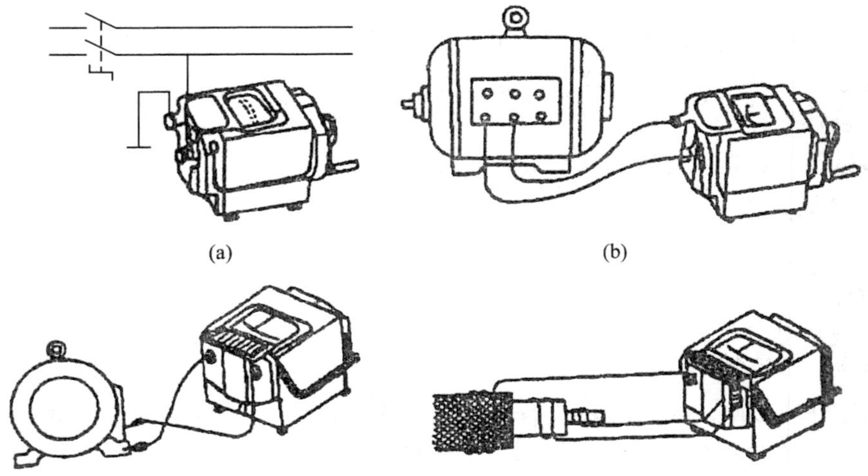

(a)　(b)　(c)　(d)

图 4-1　兆欧表测量绝缘电阻的接线方法

(1) 照明及动力线路对地绝缘电阻的测量：测量方法如图 4-1(a)所示。将兆欧表接线柱 E 接地，接线柱 L 与被测线路连接。按顺时针方向由慢到快摇动兆欧表的发电机手柄大约 1 min，待兆欧表指针稳定后读数。这时兆欧表指示的数值是被测值，单位是 MΩ。

(2) 电动机绝缘电阻的测量：拆开电动机绕组的 Y 或△形联结的连线，用兆欧表的两接线柱 E 和 L 分别接电动机的两相绕组，如图 4-1(b)所示。摇动兆欧表的发电机手柄读数，此接法测出的是电动机绕组的相间绝缘电阻。电动机绕组对地绝缘电阻的测量接线如图 4-1(c)所示，接线柱 E 接电动机机壳(应清除机壳上接触处的漆或锈等)，接线柱 L 接电动机绕组上。摇动兆欧表的发电机手柄读数，测量出电动机对地绝缘电阻。

(3) 电缆绝缘电阻的测量：测量时的接线方法如图 4-1(d)所示。将兆欧表接线柱 E 接电缆外壳，接线柱 G 接电缆线芯与外壳之间的绝缘层上，接线柱 L 接电缆线芯，摇动兆欧表的发电机手柄读数。测量结果是电缆线芯与电缆外壳的绝缘电阻值。

(三) 使用注意事项

(1) 测量设备的绝缘电阻时，必须先切断设备的电源。对含有较大电容的设备(如电容器、变压器、电机及电缆线路)，必须先进行放电。

(2) 兆欧表应水平放置，未接线之前，应先摇动兆欧表，观察指针是否在“∞”处，再将 L 和 E 两接线柱短路，慢慢摇动兆欧表，指针应指在零处，经开、短路试验，证实兆欧表完好方可进行测量。

(3) 兆欧表的引线应用多股软线，且两根引线切忌绞在一起，以免造成测量数据不准确。

(4) 兆欧表测量完毕，应立即使被测物放电，在兆欧表的摇把未停止转动和被测物未放电前，不可用手去触及被测物的测量部位或进行拆线，以防止触电。

(5) 被测物表面应擦拭干净，不得有污物(如漆等)，以免造成测量数据不准确。

三、功率表

测量电功率的仪表叫做功率表。功率的单位是瓦特，所以功率表也叫瓦特表，表盘上标有符号“W”。装在变电所配电盘上的功率表，一般都是以千瓦为单位，表盘上标有符号“kW”。

功率表是一种电动式仪表。它有两组线圈，一组是电流线圈，另一组是电压线圈。功率表既可测量直流电路的功率，也可测量交流电路的功率。

(一) 选择

选择功率表，首先应考虑它的量程。例如，有一感性负载，功率为 800 W，额定电压为 220 V，功率因数为 0.8，怎样选择功率表的量程呢？由于负载电压为 220 V，功率表的电压量程可选为 300 V。其负载电流可由下式计算：

$$I=\frac{P}{U\cos\varphi}$$

式中，P 为负载功率；I 为负载电流；U 为额定电压；$\cos\varphi$ 为功率因数。

代入已知数据计算，即

$$I=\frac{P}{U\cos\varphi}=\frac{800}{220\times0.8}\approx4.54\ \text{(A)}$$

所以，功率表的电流量程可选为 5 A。功率量程为 300 × 5 = 150 W。由此可见，选择功率表的量程，就是正确地确定功率表的电压量程和电流量程。

此外，还要根据被测电路交流负载的功率因数大小，考虑选用普通功率表还是低功率因数功率表。普通功率表是按照额定电压、额定电流和额定功率因数($\cos\varphi$=1)的条件刻度的，如果用来测量功率因数很低的负载，则普通功率表的指针偏转角很小，测量结果的误差很大，此时应选择低功率因数功率表来测量。低功率因数功率表的标度尺是根据功率因数较低的条件刻度的，并在表内采取了多种补偿措施，可以提高测量的准确度。

(二) 接线方法

功率表的接线方法：电流线圈串联于电路中，电流线圈上标有“*”号的电流端钮应接电源，另一端接负载；电压线圈并接于电路之中，电压线圈上标有“*”号的电压端钮接到电流线圈的任一端，另一端则跨接到负载的另一端上，即电压线圈“*”端有前接和后接之分，如图 4-2 所示。其中，图 4-2(a)适用于负载电阻远比功率表电流线圈电阻大的情况，图 4-2(b)适用于负载电阻远比功率表电压线圈电阻小的情况。

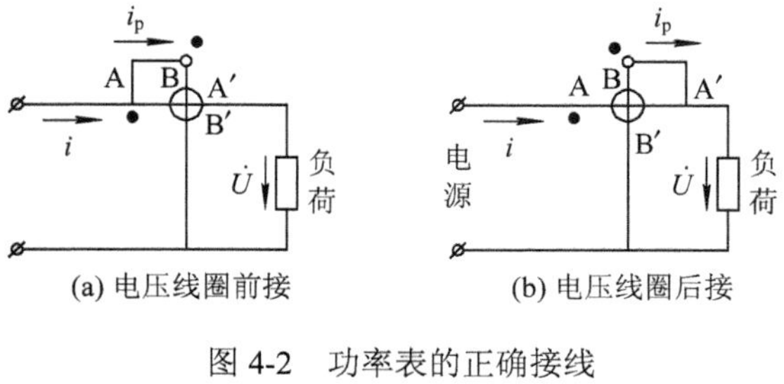

图 4-2　功率表的正确接线

1. 测量单相电路功率的接线方法

被测电路的功率小于功率表量程时，功率表可直接接入电路，按图 4-2(a)或图 4-2(b)接线均可。若被测电路的功率大于功率表量程，则必须接入电流互感器和电压互感器来扩大功率表的量程(图 4-3)，此时电路的功率为

$$P = K_1 K_2 P_1$$

式中，P 为被测功率；P_1 为功率表读数；K_1 为电流互感器比率；K_2 为电压互感器比率。

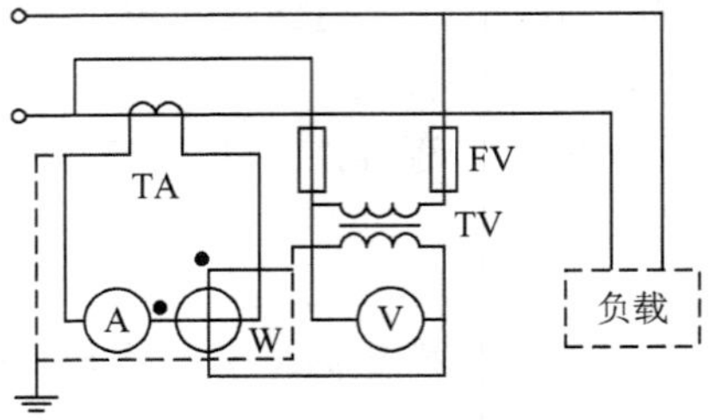

图 4-3　用电流互感器和电压互感器扩大单相功率表量程

2. 测量三相电路功率的接线方法

三相电路分为三相四线制电路和三相三线制电路，二者的功率测量方法如下：

(1) 用三只单相功率表测量三相四线制电路的功率。其接线方法如图 4-4 所示(这种接线方法特别适用于三相功率不对称的电路)。此时电路总功率为三只功率表读数之和，即

$$P = P_1 + P_2 + P_3$$

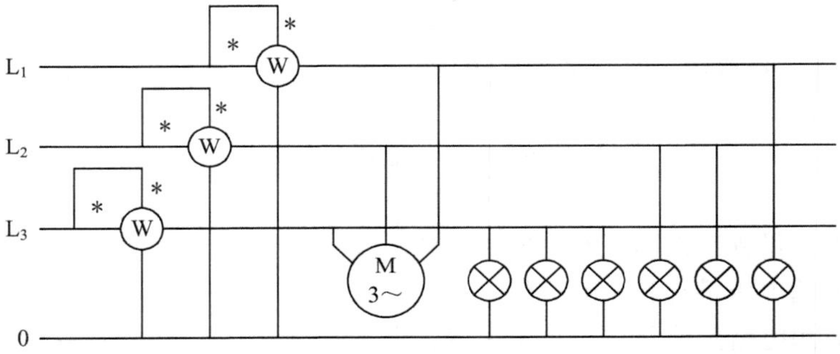

图 4-4　用三只单相功率表测量三相四线制电路功率

(2) 用两只单相功率表测量三相三线制电路的功率。其接线方法如图 4-5 所示。此时电路总功率为两只单相功率表读数之和，即

$$P = P_1 + P_2$$

上述方法也可用来测量完全对称的三相四线制电路的功率。

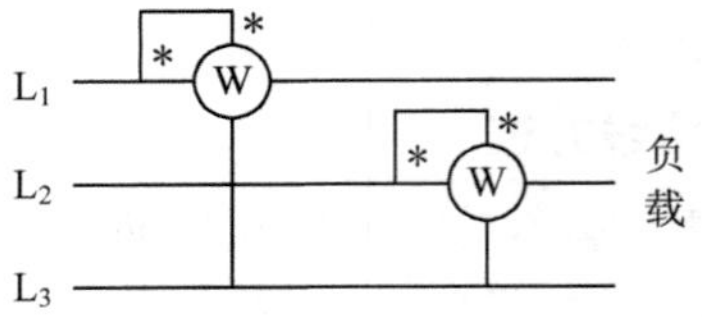

图 4-5　用两只单相功率表测量三相三线制电路功率

如果被测电路的功率因数低于 0.5，就会有一只功率表的读数为负值(指针反偏)，此时只要将显示负数的功率表的电流线圈接头反接即可，但切不可将电压线圈反接。在这种情况下测得的功率为两只功率表读数之差。

(3) 用一只三相功率表测量三相电路的功率。三相功率表相当于两只单相功率表的组合，它有两只电流线圈和两只电压线圈。其内部接线与用两只单相功率表测量三相三线制电路功率的接线相同，因此，三相功率表可直接用来测量三相三线制和对称三相四线制电路的功率，其接线方法如图 4-6 所示。

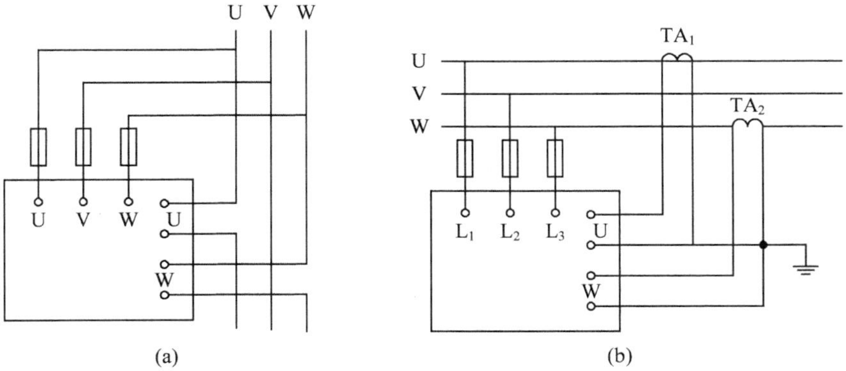

图 4-6 用三相功率表测量三相电路功率

(三) 使用注意事项

(1) 要防止出现接线差错。图 4-7(a)所示就是功率表接线中经常出现的几种错误接法。图 4-7(a)所示的情况为电流线圈反接，此时功率表的指针将向反方向指示，无法读数，甚至指针打弯。

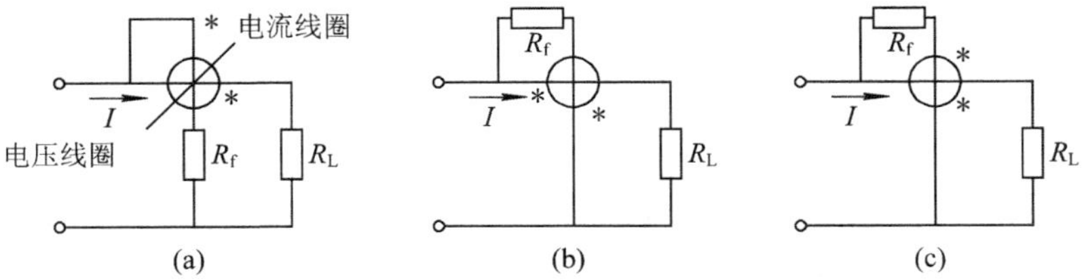

图 4-7 功率表的错误接线

图 4-7(b)所示为电压线圈反接，它与图 4-7(a)的情况一样，功率表也会向反方向指示。此时，电流线圈与电压线圈之间的电位差接近于电源电压。

图 4-7(c)所示为电流线圈、电压线圈同时反接。此时表针指向正方向。但由于附加电阻 R_f 的阻值比电压线圈大得多，而电流线圈的内阻则很小，所以电源电压几乎全部加于 R_f 上，不仅会使测量结果产生静电误差，而且还可能使电流线圈与电压线圈之间的绝缘击穿而烧坏仪表。这种接线从表面上看似乎是正确的，而实际上是错误的，产生的后果会更加严重。

(2) 测量时，如果出现功率表接线正确而指针反偏现象，则表明功率输送的方向与预期的方向相反。此时，应改变其中一个线圈的电流方向，并将测量结果加上负号。对于只能在端钮上倒线的功率表，应将电流端钮反接，而不宜将电压端钮反接，否则会产生较大的静电误差以致损坏仪表。对于装有换向开关的可携式功率表，可直接利用换向开关来改变电压线圈的电流方向，而且不改变电压线圈与附加电阻 R_f 的相对位置，因此不会在电流线圈与电压线圈之间形成很大的电位差。

(3) 测量用的转换开关、连接片或插塞，应接触良好，接触电阻稳定，以免引起测量误差。

(4) 在实际测量中，为了保护功率表，防止电流和电压超过功率表所允许的数值，一般在电路中接入电流表和电压表，以监视负载电流和负载电压。

(5) 多量程功率表常共用一条标尺刻度，功率表的标度尺上不标注瓦数，只标注分格数。测量时，可先读出分格数，再乘以每格瓦数，就可得到被测功率值。功率表某一量程下的每格瓦数可按下式计算：

$$C = \frac{UI}{a}$$

式中，C 为所接量程下的每格瓦数；U 为所接电压量程；I 为所接电流量程；A 为标度尺满量程的分格数。

(6) 当功率表与互感器配用时要特别注意，电流互感器二次回路严禁开路，电压互感器二次回路严禁短路。否则，将造成设备损坏和人身伤亡事故。

(7) 对有可能出现两个方向功率的交流回路，应装设双向标度的功率表。

四、钳形电流表

钳形电流表的精确度虽然不高(通常为 2.5 级或 5.0 级)，但由于它具有不需要切断电源即可测量的优点，所以得到广泛应用。例如，用钳形电流表测试三相异步电动机的三相电流是否正常，测量照明线路的电流平衡程度等。

钳形电流表按结构原理的不同，分为交流钳形电流表和交、直流两用钳形电流表。图 4-8 为钳形电流表。

(一) 测量原理及使用方法

钳形电流表主要由一只电流互感器和一只电磁式电流表组成，如图 4-8(a)所示。电流互感器的一次线圈为被测导线，二次线圈与电流表相连接，电流互感器的变比可以通过旋钮来调节，量程从 1 安至几千安。

测量时，按动扳手，打开钳口(图 4-8(b))，将被测载流导线置于钳口中。当被测导线中有交变电流通过时，在电流互感器的铁芯中便有交变磁通通过，互感器的二次线圈中感应出电流。该电流通过电流表的线圈，使指针发生偏转，在表盘标度尺上指出被测电流值。

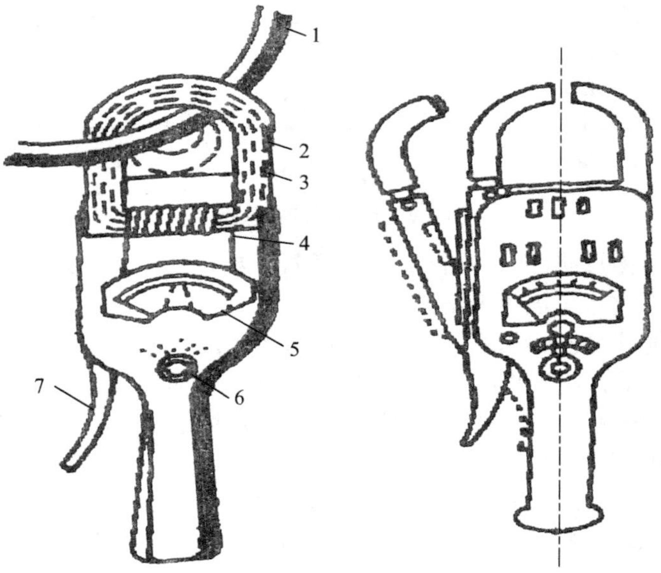

(a) 结构　　(b) 钳口张开

1—载流导线；2—铁芯；3—磁通；4—线圈；5—电流表；6—改变量程的旋钮；7—扳手

图 4-8　钳形电流表

(二) 使用注意事项

(1) 测量前，应检查仪表指针是否在零位。若不在零位，则应调到零位。同时应对被测电流进行粗略估计，选择适当的量程。如果被测电流无法估计，则应先把钳形表置于最高挡，逐渐下调切换，至指针在刻度的中间段为止。

(2) 应注意钳形电流表的电压等级，不得将低压表用于测量高压电路的电流。

(3) 每次只能测量一根导线的电流，不可将多根载流导线都夹入钳口测量。被测导线应置于钳口中央(图 4-8(a))，否则误差将很大(大于 5%)。当导线夹入钳口时，若发现有振动或碰撞声，应将仪表扳手转动几下，或重新开合一次，直到没有噪声才能读取电流值。测量大电流后，如果立即测量小电流，应开合钳口数次，以消除铁芯中的剩磁。

(4) 在测量过程中不得切换量程，以免造成二次回路瞬间开路，感应出高电压而击穿绝缘。必须变换量程时，应先将钳口打开。

(5) 在读取电流表读数困难场所测量时，可先用制动器锁住指针，然后到读数方便的地点读值。

(6) 若被测量导线为裸导线，则必须事先将邻近各相用绝缘板隔离，以免钳口张开时出现相间短路。

(7) 测量时，如果附近有其他载流导线，所测值会受载流导体的影响而产生误差。此时，应将钳口置于远离其他导线的一侧。

(8) 每次测量后，应把调节电流量程的切换开关置于最高挡位，以免下次使用时因未选择量程就进行测量而损坏仪表。

(9) 有电压测量挡的钳形表，电流和电压要分开测量，不得同时测量。

(10) 测量 5 A 以下电流时，为获得较为准确的读数，若条件许可，可将导线多绕几圈放进钳口测量，此时实际电流值为钳形表的示值除以所绕导线圈数。

(11) 测量时应戴绝缘手套，站在绝缘垫上。读数时要注意安全，切勿触及其他带电部分。

(12) 钳形电流表应保存在干燥的室内，钳口处应保持清洁，使用前应擦拭干净。

五、电度表

电度表有单相电度表和三相电度表两种。三相电度表又有三相三线制和三相四线制电度表两种。直接式三相电度表常用的规格有 10 A、20 A、30 A、50 A、75 A 和 100 A 等多种，一般用于电流较小的电路中；间接式三相电度表常用的规格为 5 A，与电流互感器连接后，用于电流较大的电路上。

(一) 单相电度表的接线

单相电度表共有 4 个接线桩，从左到右按 1、2、3、4 编号。接线方法一般为号码 1、3 接电源进线，2、4 接电源出线，如图 4-9 所示。也有些电度表的接线方法按号码 1、2 接电源进线，3、4 接电源出线，所以具体的接线方法应参照电度表接线桩盖子上的接线图。

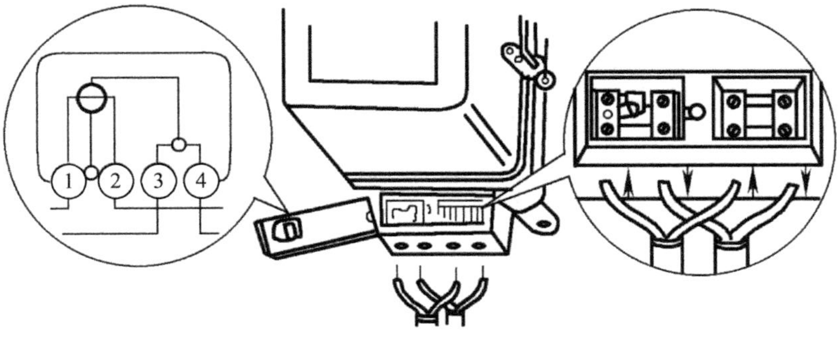

图 4-9　单相电度表接线示意图

(二) 三相电度表的接线

1. 直接式三相四线制电度表的接线

直接式三相四线电度表共有 11 个接线桩头，从左到右按 1、2、3、4、5、6、7、8、9、10、11 编号。其中 1、4、7 是电源相线的进线桩头，用来连接从总熔丝盒下桩头引来的三根相线；3、6、9 是相线的出线桩头，分别接总开关的三个进线桩头；10、11 是电源中性线的进线桩头和出线桩头；2、5、8 三个接线桩可空着，如图 4-10 所示。

2. 直接式三相三线制电度表的接线

直接式三相三线制电度表共有 8 个接线桩头。其中 1、4、6 是电源相线进线桩头；3、5、8 是相线出线桩头；2、7 两个接线桩可空着，如图 4-11 所示。

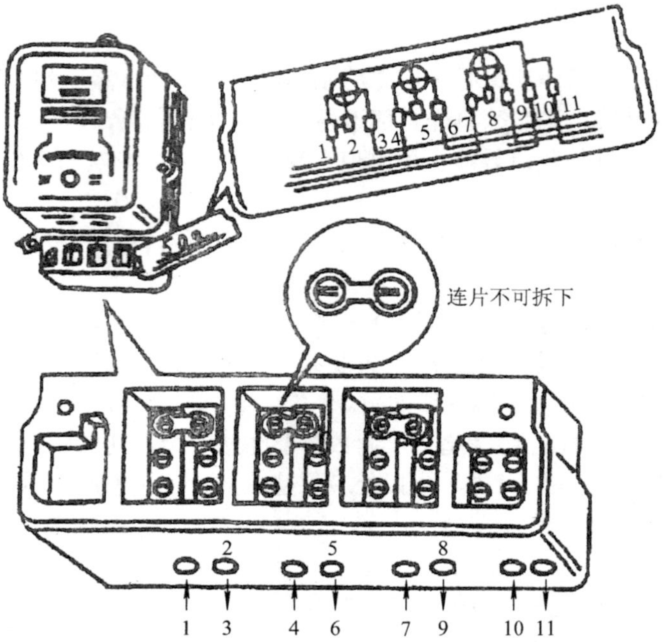

图 4-10　直接式三相四线制电度表的接线

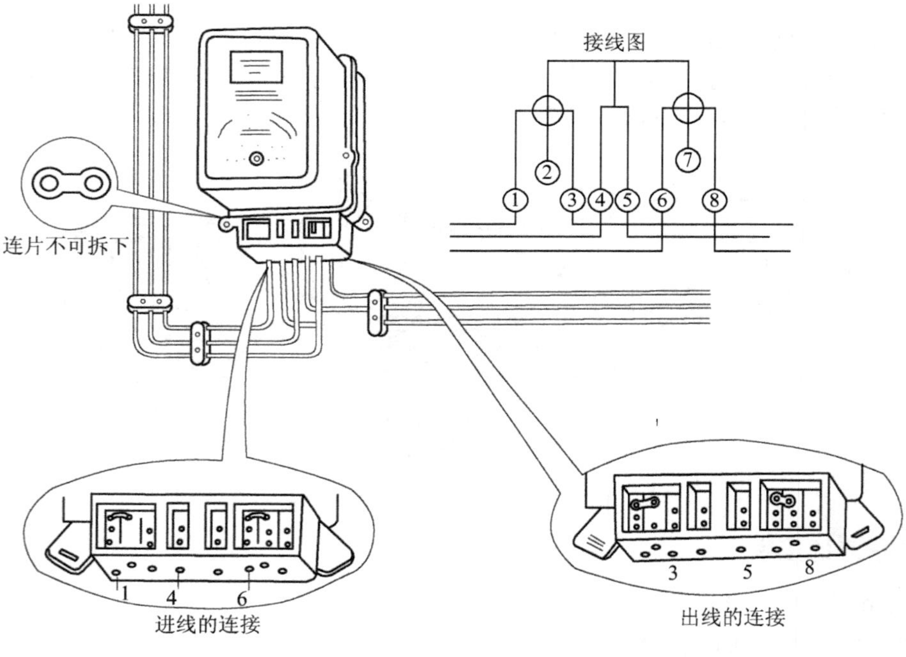

图 4-11　直接式三相三线制电度表的接线

3. 间接式三相四线制电度表的接线

间接式三相四线制电度表需配用三只同规格的电流互感器，接线时需把从总熔丝盒下接线桩头引来的三根相线，分别与三只电流互感器一次侧的“+”接线桩头连接；同时用三根绝缘导线从这三个“+”接线桩引出，穿过钢管后分别与电度表的 2、5、8 三个接线桩连接；接着用三根绝缘导线，从电流互感器二次侧的“+”接线桩头引出，穿过另一根保护钢管与电度表 1、4、7 三个进线桩头连接；然后用一根绝缘导线穿过后一个保护钢管，一端并连三只电流互感器二次侧的“–”接线桩头，另一端并连电度表的 3、6、

9 三个出线桩头，并把这根导线接地；最后用三根绝缘导线，把三只电流互感器一次侧的“–”接线桩头分别与总开关的三个进线桩头连接起来，并把电源中性线穿过前一根钢管与电度表的 10 进线桩连接，接线桩 11 用来连接中性线的出线，如图 4-12 所示。接线时应先将电度表接线盒内的三块连片都拆下来。

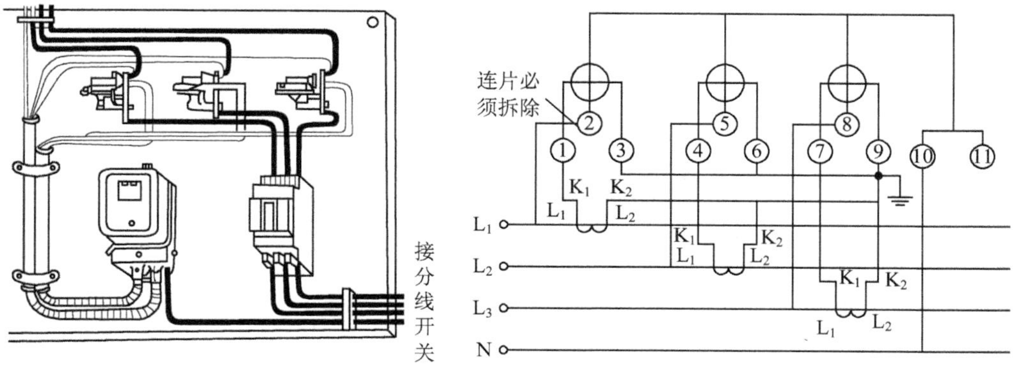

(a) 接线外形图　　(b) 接线原理图

图 4-12　间接式三相四线制电度表的接线图

4. 间接式三相三线制电度表的接线

间接式三相三线制电度表只需配两只同规格的电流互感器，接线时把从总熔丝盒下接线桩头引出来的三根相线中的两根相线分别与两只电流互感器一次侧的“+”接线桩头连接。同时从该两个“+”接线桩头用铜芯塑料硬线引出，并穿过钢管分别接到电度表 2、7 接线桩头上，接着从两只电流互感器的“+”接线桩头用两根铜芯塑料硬线引出，并穿过另一根钢管分别接到电度表 1、6 接线桩头；然后用一根导线从两只电流互感器二次侧的“–”接线桩头引出，穿过后一根钢管接到电度表的 3、8 接线头上，并应把这根导线接地，最后将总熔丝盒下桩头余下的一根相线和从两只电流互感器的一次侧的“–”接线桩头引出的两根绝缘导线接到总开关的三个进线桩头上，同时从总开关的一个进线桩头(总熔丝盒引入的相线桩头)引出一根绝缘导线，穿过前一根钢管，接到电度表 4 接线桩上，如图 4-13 所示。同时注意应将三相电度表接线盒内的两个连片都拆下。

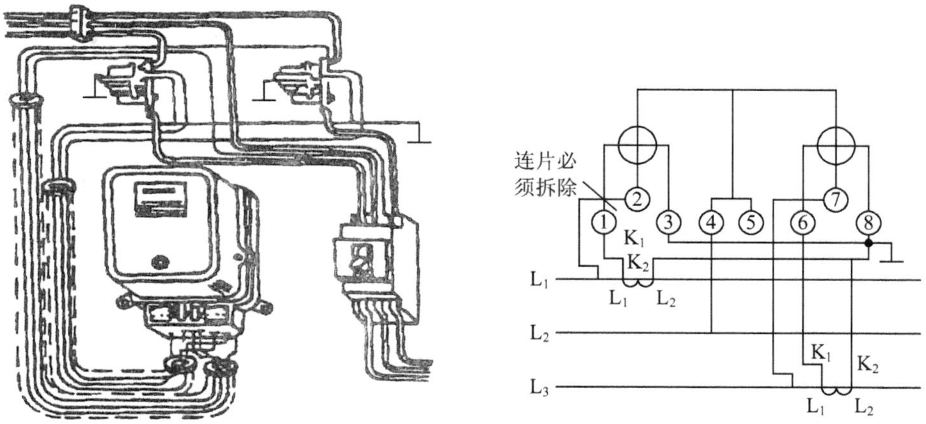

(a) 接线外形图　　(b) 接线原理图

图 4-13　三相三线制电度表接线图

(三) 电度表的安装要求

(1) 电度表总线必须采用铜芯塑料硬线，其最小截面积不得小于 1.5 mm^2，中间不准有接自总熔丝盒至电度表之间的敷设长度，不宜超过 10 m。

(2) 电度表总线必须明线敷设，采用线管安装时线管也必须明装，在进入电度表时，一般以“左进右出”原则接线。

(3) 电度表必须安装得垂直于地面，表的中心离地高度应在 1.4～1.5 m 之间。

六、单相调压器、三相调压器

单相调压器和三相调压器专用于调节交流负载的电压。

(一) 单相调压器

AX 输入端和电源相连，ax 输出端和负载相连。输入端和输出端不能接错。如图 4-14 所示。

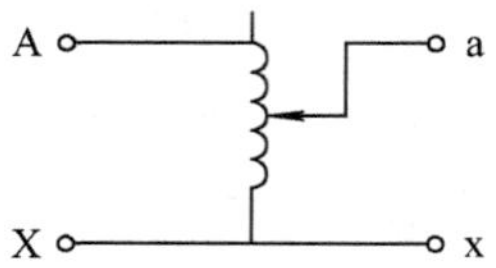

图 4-14　单相调压器示意图

(二) 三相调压器

ABC 输入端和交流电源相连，abc 输出端和交流负载相连。输入端和输出端不能接错，如图 4-15 所示。

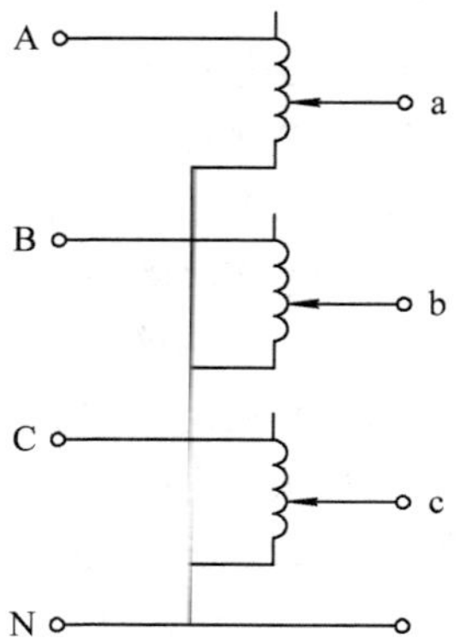

图 4-15　三相调压器示意图

第五章　电气照明与内线工程

利用一定的装置和设备将电能转换成光能，为人们的生活、工作和生产提供照明，叫电气照明。照明及动力所用电能靠输电线路传送，内线是输电线路中用于室内传送电能的部分。照明设备和室内线路的安装维修工艺是电气装修人员必须掌握的专业技能。

第一节　电气照明的基本知识

一、常用电光源及其特点

在电气安装与维修中，照明电路安装与维修占着十分重要的地位。要从事照明电路的装修，必须懂得有关电气照明的基本知识。

我国目前最常用的电光源是白炽体发光和紫外线激励发光物质发光两大类。利用这两类光源可制成如下常用灯具。

(一) 白炽灯

白炽灯是目前使用最为广泛的光源。它具有结构简单、使用可靠、安装维修方便、价格低廉、光色柔和、可适用于各种场所等优点。但白炽灯发光效率低，寿命短，其寿命通常只有 1000 h 左右。

(二) 日光灯

日光灯也是使用特别广泛的照明光源。其寿命比白炽灯长 2～3 倍，发光效率比白炽灯高 4 倍。但其附件多，造价较高，功率因数低(仅 0.5 左右)，而且故障率比白炽灯高，安装维修比白炽灯难度大。由于它优点特别突出，所以使用仍然很广泛。

(三) 高压汞灯

高压汞灯又叫高压水银灯，使用寿命是白炽灯的 2.5～5 倍，发光效率是白炽灯的 3 倍，耐震与耐热性能好、线路简单、安装维修方便。其缺点是造价高，启辉时间长，对电压波动适应能力差。

(四) 碘钨灯

碘钨灯构造简单、使用可靠、光色好、体积小、发光效率高(比白炽灯高 30%左右)、功率大、安装维修方便，但灯管温度高达 500～700℃，安装必须水平，倾角不得大于 40°，造价也较高。

(五) 霓虹灯

霓虹灯管内充有非金属元素或金属元素，它们在电离状态下，不同的元素能发出不同的色光，广泛使用于大、中、小城镇的夜间宣传广告。配用专门的霓虹灯电源变压器供电，供电电压为 4000～15 000 V。

(六) 低压安全灯

在一些特殊场合特别是危险场所，不能直接用 220 V 交流电源提供照明，必须用降压变压器将 220 V 市电降到 36 V 及以下的安全电压作为照明灯具电源。这种低压照明灯可以确保使用人员在特殊场所或危险场所的人身安全。光源要选用 36 V 或以下的白炽灯泡。

二、常用照明方式

电气照明按其用途不同分为生活照明、工作照明和事故照明三种方式。

(一) 生活照明

生活照明指人们日常生活所需要的照明。其属于一般照明，它对照度要求不高，可选用光通量较小的光源，但应能比较均匀地照亮周围环境。

(二) 工作照明

工作照明指人们从事生产劳动、工作学习、科学研究和实验所需要的照明，它要求有足够的照度。在局部照明、光源与被照物距离较近等情况下，可用光通量不太大的光源；在公共场合，则要求有较大光通量的光源。

(三) 事故照明

在可能因停电造成事故或较大损失的场所，必须设置事故照明装置，如医院急救室、手术室、矿井、地下室、公众密集场所等。事故照明的作用是，一旦正常的生活照明或工作照明出现故障，它就能自动接通电源，代替原有照明。可见，事故照明是一种保护性照明，可靠性要求很高，决不允许在运行时出现故障。

三、照明器具的布置和安装要求

(一) 灯具的安装方式

灯具安装方式应根据设计施工要求确定。通常采用的有悬吊式(悬挂式)、吸顶式和壁式等几种，如图5-1所示。

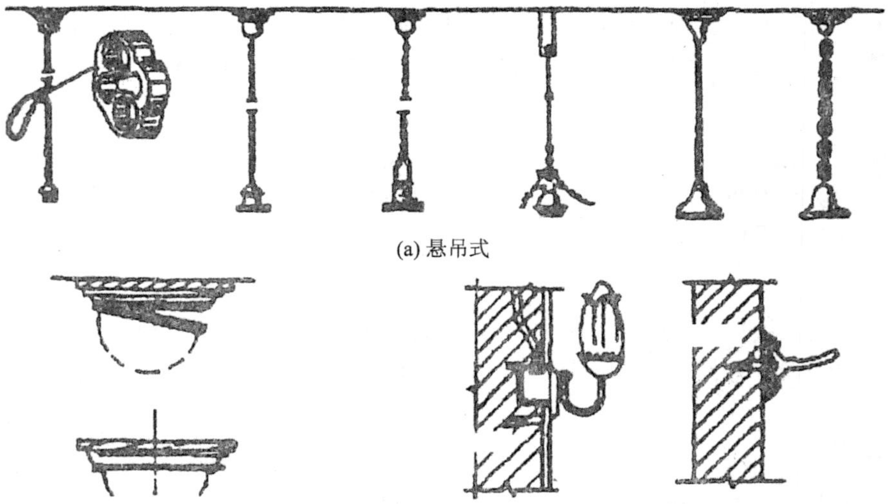

(a) 悬吊式

(b) 吸顶式　(c) 壁式

图 5-1　灯具安装方式

悬吊式又分为吊线式、吊链式和吊管式。吊线式直接由软电线承受灯具重量(如普通白炽灯)。由于其挂线盒内接线桩承重较小，软线在挂线盒出口内侧应打结以承受灯具重量。吊链式和吊管式的灯具一般重量较大。在暗管配线安装时，用吊管式更为美观方便，其结构如图 5-2 所示。

吸顶式分为吸顶式和嵌入式两种。吸顶式是利用木台(圆木)将灯具安装在天花板上。嵌入式适用于室内有吊顶位置的场所。在制作吊顶时，应根据灯具的尺寸留出位置，然后将灯具装在留有位置的吊顶上，如图 5-3 所示。

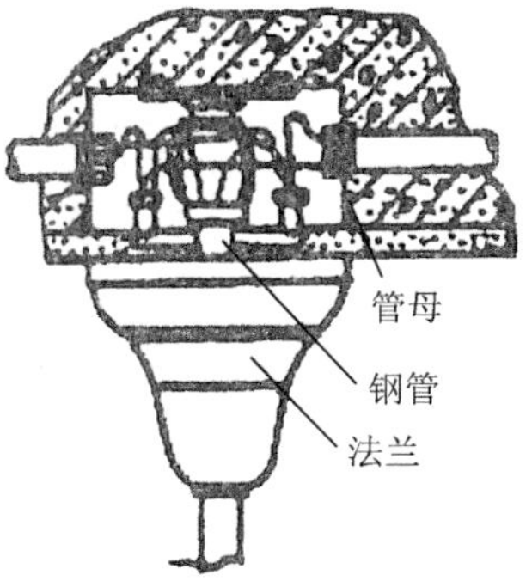

图 5-2　吊管式灯具

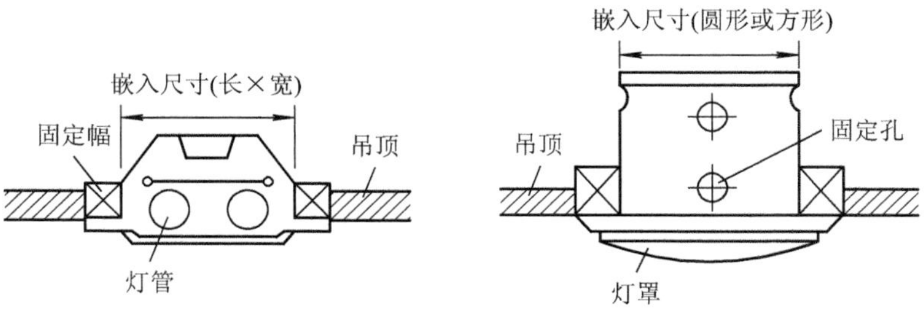

图 5-3　灯具的嵌入安装

壁式灯具简称为壁灯，通常安装在墙壁和柱上，为了安装牢固，应按图 5-4 所示内容，根据情况安装木榫、膨胀螺栓等紧固件，然后再固定灯具。

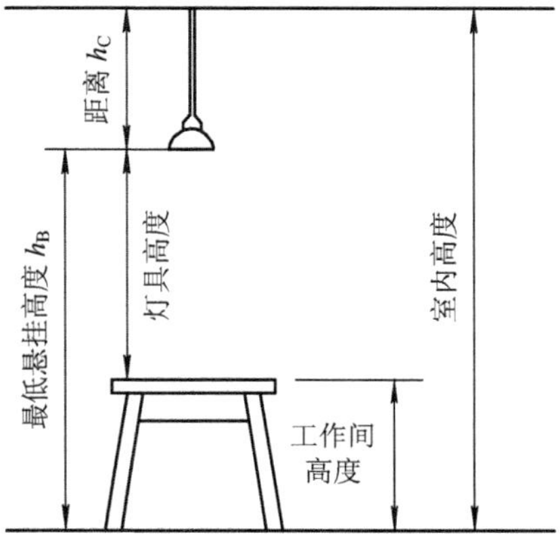

图 5-4　灯具悬挂尺寸示意图

(二) 灯具的悬挂高度与间距

灯具悬挂尺寸如图 5-4 中所示的示意图表述。室内照明灯具的最低悬挂高度 h_B 可按表 5-1 所列数据选择。灯具至天花板的距离 h_C 应根据室内空间高度考虑，通常在 0.3～1.5 m 之间，一般住宅选 0.7 m。

室内灯具的距离指灯具与灯具之间的水平距离，用 L 表示。对不同的照明要求，灯具的分布状况是不同的，通常可在图 5-5 所列的三种形式和公式中确定灯具布置的形式并选择间距。

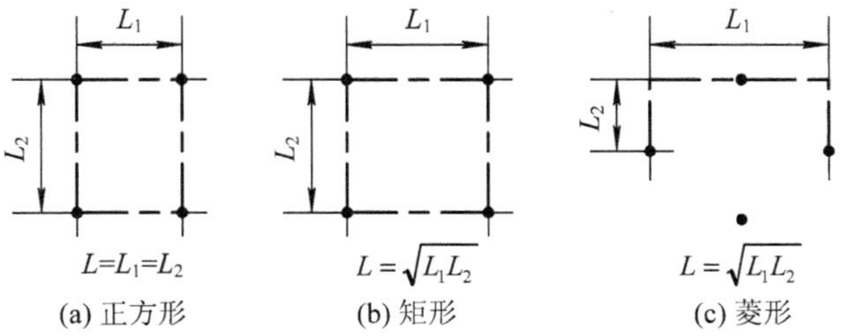

图 5-5　灯具布置的几种形式

(三) 开关和插座距地面的高度

普通灯开关和普通插座距地面的高度不应低于 1.3 m，如因特殊需要，欲将插座降低时，其高度不能低于 150 mm，并换用安全插座。

表 5-1　室内照明灯具最低悬挂高度

光源种类	灯具型式	灯具保护角	灯泡功率/W	最低悬挂高度/m
白炽灯	带反射罩	10°～30°	≤100	2.5
			150～200	3.0
			300～500	3.5
			>500	4.0
	乳白玻璃漫射罩	—	≤100	2.0
			150～200	2.5
			300～500	3.0
日光灯	无罩	—	≤40	2.0
高压汞灯	带反射罩	10°～30°	≤250	5.0
			≥400	6.0
碘钨灯	带反射罩	≥30°	1000～2000	6.0
				7.0

第二节　白炽灯和插座的安装与维修

白炽灯是利用电流通过灯丝电阻的热效应将电能转换成热能和光能的照明用具。白炽灯泡有插口和螺口两种形式，其结构如图 5-6 所示。

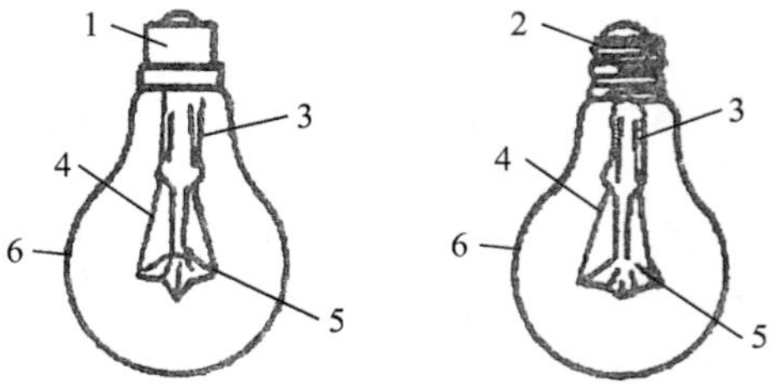

1—插口灯头；2—螺口灯头；3—玻璃支架；4—引线；5—灯丝；6—玻璃壳

图 5-6　白炽灯泡的构造

灯泡的主要工作部分是灯丝，灯丝由电阻率较高的钨丝制成。为防止断裂，灯丝多绕成螺旋式。40 W 以下的灯泡内部抽成真空，40 W 以上的灯泡在内部抽成真空后又充少量氩气或氮气等气体，以减少钨丝挥发，延长灯丝寿命。灯丝通电后，在高电阻作用下迅速发热发红，直到白炽程度而发光，白炽灯因此得名。

一、白炽灯和插座的安装

(一) 安装的一般要求

(1) 室内灯具悬挂最低高度，可参照表 5-2 所列数据，通常不得低于 2～4 m。如室内环境特殊，达不到最低安装高度时，可用 36 V 安全电压供电。

(2) 室内灯开关通常安装在门边或其他便于操作的位置。一般拉线开关离地面高度不应低于 2 m，扳把开关不低于 1.3 m，与门框的距离以 150～200 mm 为宜。

(3) 电源插座明装时，离地面高度不应低于 1.4 m，民用住宅不低于 1.8 m，暗装插座离地一般 300 mm。同一个场所插座安装高度应尽量保持一致，其高度差不应超过 5 mm。几个插座成横排安装时更应注意高度一致，高差不超出 2 mm。

(4) 不同的照明装置，不同的安装场所，照明灯具使用的导线芯线横截面积应不小于表 5-2 中的规定。

还应注意，在采用花线时，有白点的花色线应接相线，无白点的单色线接零线。

(5) 灯具重量在 1 kg 以下时，可直接用软线悬吊；重于 1 kg 者应加装金属吊链；超过 3 kg 者，应固定在预埋的吊挂螺栓或吊钩上。其吊挂螺栓在墙体内埋设可参照本章第 4 节所述工艺进行。在预制楼板或现浇楼板内预埋吊挂螺栓和吊钩，如图 5-7 和图 5-8 所示。

表 5-2　照明灯具连接导线最小允许截面

安装场所及用途 \ 导线种类 \ 最小允许截面/mm		铜芯软线	铜线	铝线
照明灯头线	民用建筑室内	0.4	0.5	1.5
	工业建筑室内	0.5	0.8	2.5
	室外	1.0	1.0	2.5
移动式用电设备	生活用	1.2	—	—
	生产用	1.0		

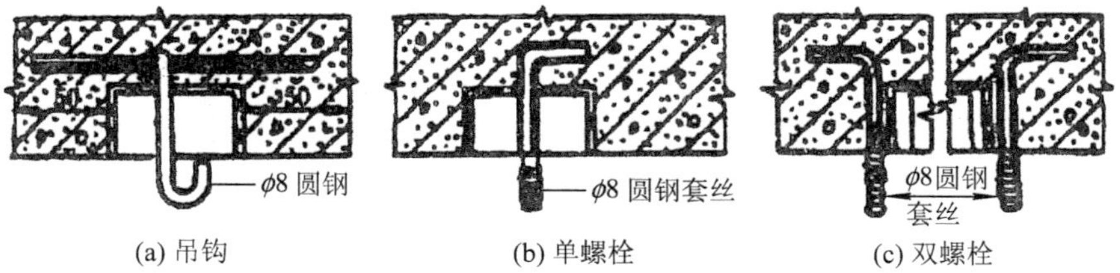

图 5-7　预制楼板预埋吊钩和吊挂螺栓

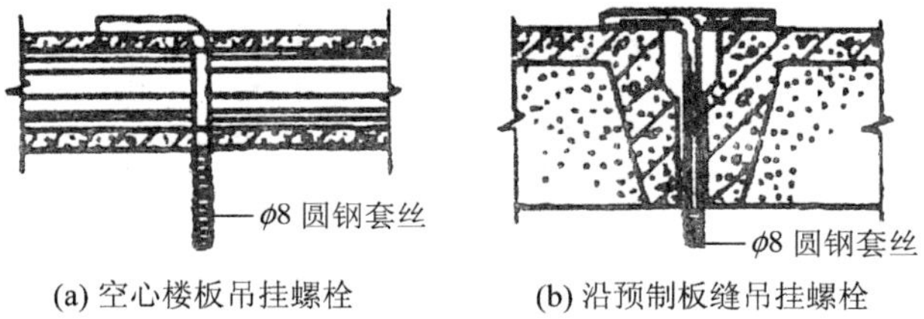

图 5-8　现浇楼板预埋吊钩和吊挂螺栓

(二) 白炽灯安装步骤

1. 圆木(木台)的安装

先加工圆木，在圆木底部刻两条线槽，如果是槽板明配线，应在正对槽板的一面锯一豁口，接着将电源相线和零线卡入圆木线槽，并穿过圆木中部两侧小孔，留出足够连接电器或软吊线的线头。然后用螺丝从中心孔穿入，将圆木固定在事先完工的预埋件上，如图 5-9 所示。

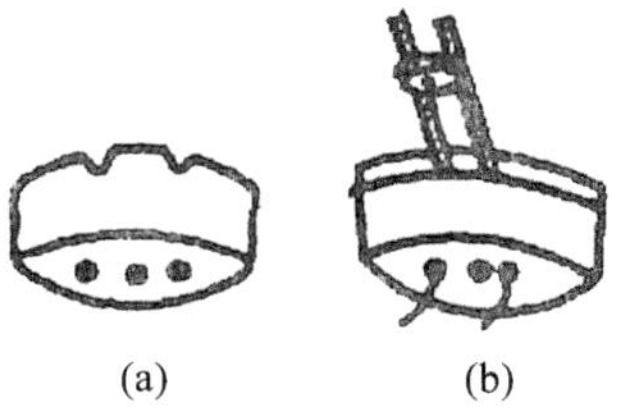

图 5-9　圆木的安装

2. 挂线盒的安装

下面以塑料挂线盒为例叙述其安装工艺，瓷挂线盒的安装与此大体相同。

先将圆木上的电线头从挂线盒底座中穿出，用木螺丝将挂线盒紧固在圆木上，如图 5-10(a)所示。然后将伸出挂线盒底座的线头剥去 20 mm 左右绝缘层，弯成接线圈后，分别压接在挂线盒的两个接线桩上。再按灯具的安装高度要求，取一段铜芯软线(花线或塑料绞线)作挂线盒与灯头之间的连接线，上端接挂线盒内的接线桩，下端接灯头接线桩，如图 5-10(b)所示。为了不使接头处承受灯具重力，吊灯电源线在进入挂线盒盖后，在离接线端头 50 mm 处打一个结，如图 5-10(c)所示。这个结正好卡在挂线盒线孔里，承受着部分悬吊灯具的重量。

如果是瓷质挂线盒，应在离上端头 60 mm 左右的地方打结，再将线头分别穿过挂线盒两棱上的小孔固定后，与穿出挂线盒底座的两根电源线头相连；最后将接好的两根线头分别插入挂线盒底座平面的小孔里。其余操作方法与塑料挂线盒的安装相同。

此外，平灯头在圆木上的安装也与塑料挂线盒在圆木上的安装方法大体相同，不同的是不需用软吊线，由穿出的电源线直接与平灯头两接线桩相接，如图 5-11 所示。

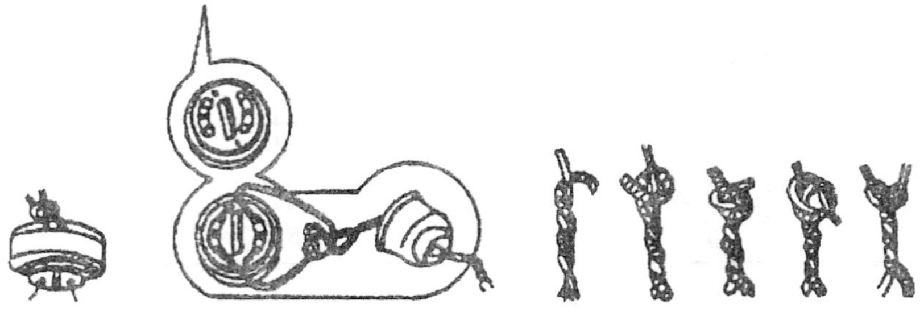

(a)　(b)　(c)

图 5-10　挂线盒的安装

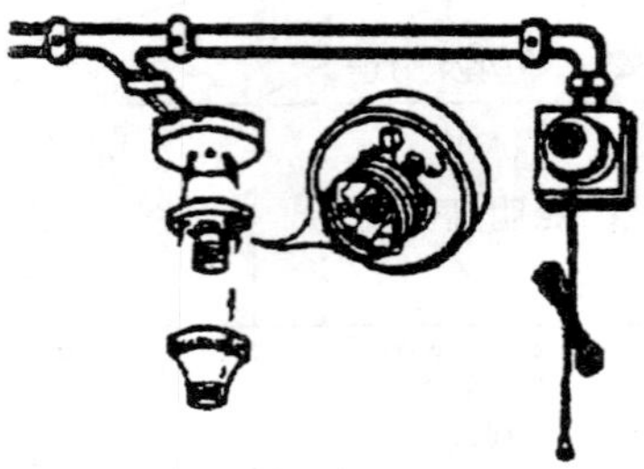

图 5-11　平灯头的安装

3. 吊灯头的安装

旋下灯头上的胶木盖子，将软吊线下端穿入灯头盖孔中，在离导线下端头 30 mm 处打一个结，然后把去除了绝缘层的两个下端头芯线分别压接在两个灯头接线桩上，如图 5-12(a)所示，最后旋上灯头盖子。

如果是螺口灯头，火线(相线)应接在跟中心铜片相连的接线桩上，零线接在与螺口相连的接线桩上，如图 5-12(b)所示。如果接反，容易出现触电事故。

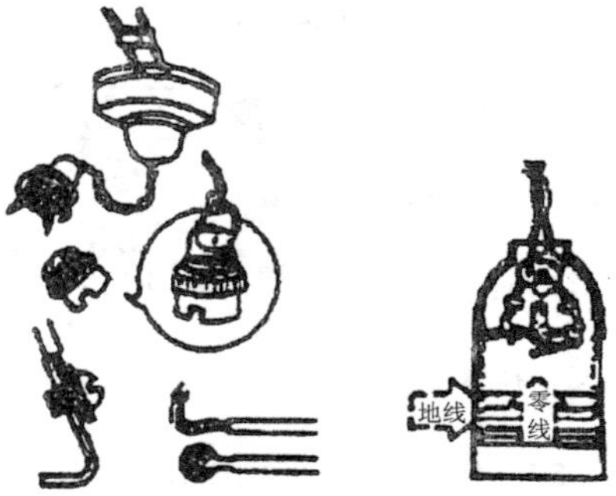

(a)　(b)

图 5-12　吊灯头的安装

4. 开关的安装

开关应串联在通往灯头的火线上。开关的安装步骤和做法与挂线盒大体相同，只是在从圆木中穿出线头时，一根是电源火线，另一根是进入灯头的火线，它们应分别接在开关底座的两个接线桩上，然后旋紧开关盖，完工的灯具如图 5-13 所示。

上述安装的单联开关只能在一个地方控制一盏灯或同时控制几盏灯。在日常生活、工作和生产中，经常有需要在两个地方控制一盏灯的情况，这就必须安装双联开关。

用两个双联开关在两个地方控制一盏灯的接线方法如图 5-14 所示。

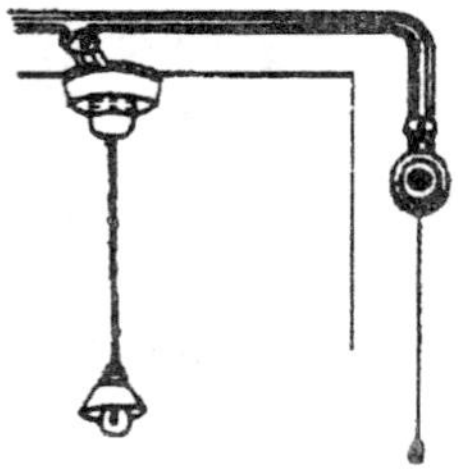

图 5-13　装完开关的灯具

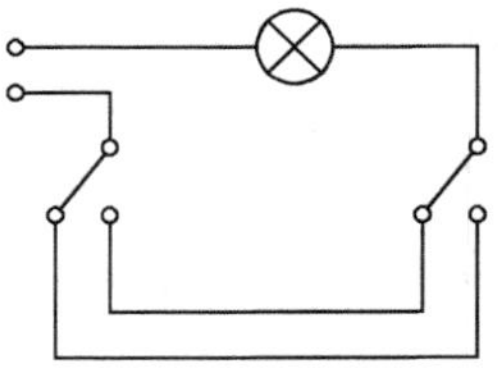

图 5-14　两个地方控制一盏灯原理图

(三) 插座的安装

插座一般不用开关控制，它始终是带电的。在照明电路中，一般可用双孔插座；但在公共场所、地面有导电性物质或电器设备有金属壳体时，应选用三孔插座。用于动力系统中的插座，应是三相四孔。它们的接线要求如图 5-15 所示。

插座安装方法与挂线盒基本相同，但要特别注意接线插孔的极性。双孔插座在双孔水平安装时，火线接右孔，零线接左孔(即左零右火)；双孔竖直排列时，火线接上孔，零线接下孔(即下零上火)。三孔插座下边两孔是接电源线的，仍为左零右火，上边大孔接保护接地线，它的作用是一旦电气设备漏电到金属外壳时，可通过保护接地线将电流导入大地，消除触电危险。

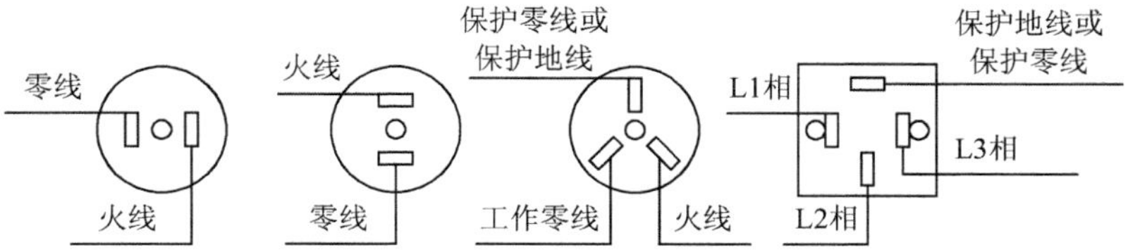

图 5-15　插座插孔极性连接法

三相四孔插座，下边三个较小的孔分别接三相电源相线，上边较大的孔接保护接地线。

二、白炽灯线路的检修

白炽灯常见故障有灯泡不亮、灯光闪烁、加熔丝后立即熔断、发光暗红、发光强烈等几种。下面分析产生这些故障的可能原因及检修方法。

(一) 灯泡不亮

1. 灯丝断开

灯丝断开可用肉眼直接观察。如是有色灯泡，观察不便，用万用表 R × 1 kΩ 电阻挡检查。将万用表两表笔接触灯泡两个触点，指针不动，即可判断灯丝断开。灯丝断开只需更换新灯泡即可。

2. 灯泡与灯座接触不良

对插口灯座，停电后检查灯头中两个弹性触头是否丧失弹性，有的旧灯座因使用时间过长，弹性触头内的弹簧锈断，无法使触头与灯泡良好接触。若触头弹性正常，通电后用手推动灯泡，若发光说明是灯泡与灯座接触不良，再检查接触不良的地方，予以修复。多数情况是因灯泡使用过久，特别是大功率灯泡，头部两个锡触点严重下凹，或卡口内灯头触头与灯泡触点不对位。

3. 开关接触不良

开关接触不良多是因使用过久，弹簧疲劳或失效，以致动作后不能复位。可以通过调整弹簧挂钩位置，以增强弹簧弹力；如仍不行，只有换弹簧或换新开关。另一原因是动、静触头开距增大，动触头到位后，不能与静触头接触，可通过调整静触头位置解决。如果是动、静触头被电弧烧蚀，轻微则可用 0#砂纸(布)擦净氧化物和毛刺，重则应更换。开关故障中，还有少数情况是复位弹簧脱钩离位从而失去控制，此时只要使复位弹簧到位即可。

4. 线路开路

若线路有电，接通开关后，用测电笔检查灯头两接线桩。正常时，有一个接线桩带电，另一个接线桩无电。如果两个接线桩都无电，则是火线开路，应检查开关、熔断器等的进出线桩头是否有电，从而判断它们是否接触不良或熔丝熔断。若开关、熔断器正常，应在线路上检查开路点，首先怀疑的是线路接头处，应从灯头起逆着电流方向逐点解开接头处的绝缘带。假若查第一点无电，第二点有电，则开路点必定在有电点与无电点之间。

在灯头上接有灯泡的情况下，如果测电笔测出灯头两接线桩上都有电，则是灯头前面的零线开路，仍用测电笔沿着线路逆着电流方向逐点检查，其故障点仍在有电点与无电点之间。

导致线路开路故障的原因大致是：小截面导线被老鼠咬断；受外力撞击、勾拉造成机械断裂；绝缘导线受张力和多次拆弯使芯线断裂(有时绝缘皮未断)；电流过大被烧断；活动部位连接线因机械疲劳、压接螺钉松动或用力过量而断裂等。

(二) 灯光闪烁

灯光闪烁现象表现为忽亮忽暗或忽明忽灭。其原因和检查方法如下：

(1) 灯泡与灯头接触松动或接触面氧化层太厚，使电路时通时断。检查时，可推动灯泡，增加它与灯头接触压力，看是否能恢复正常。若不行，应取下灯泡检查，如有氧化层，应除去后再试。

(2) 开关动、静触头之间接触松动或氧化层较厚，使电路时通时断。检修方法同上。

(3) 电源电压波动。这不是电路本身的故障，多因附近有大容量用电设备起动所致。如有条件，可改变供电网络容量或去除大容量用电设备。

(4) 熔丝接触松动，造成电路时通时断。如果是插入式和管式熔断器，主要是夹头部分松动，应调紧夹头。也可能因固定熔丝的压接螺丝松动，造成似接触非接触，应将其旋紧。若是旋入式熔断器，有可能是盖子未旋到位，未将熔体压紧。

(5) 导线接头处接触松动。检查时，对怀疑的接头进行轻微扭动，并观察灯光变化，如灯光随接头扭动发生变化，则说明该接头接触松动或氧化层太厚，应拆开绝缘带进行检查。

(三) 加上熔丝立即被熔断

1. 线路或灯具内部火线与零线间短路

照明电路多用并联供电，只要有任一点短路，在发生短路的相关线路上将有大电流通过，使熔丝熔断，造成熔丝后面的电路断电。这种故障检查比较麻烦，下面介绍短路故障的两种检查法：

(1) 逐路通电法：将烧断熔丝的那只熔断器保护范围内的全部用电器断开(如果是几幢楼房或楼层，可将各幢楼房或楼层的总熔断器断开)，然后将已换上同规格新熔丝的熔断器接通，如果熔丝不再熔断，说明故障在支路熔断器后面的用电设备本身或该熔断器以后的支路上。这时可以对逐个用电设备或逐条支路送电，每接通一个设备或一条支路，若工作正常，则该设备或支路无短路故障。如果送电到某设备或某支路时，熔丝熔毁，则短路点就在该设备或该支路上。然后在这个小范围内查找。通常短路故障多发生在火线、中线距离较近的地方，如灯头内、挂线盒内、接线盒内等线路接头处或电线管道的进出口处。

(2) 校火灯法：校火灯是一种检查线路或设备短路故障的装置，其用法是：拔下所有用电器插头，关断熔断器后面的全部用电设备，将校火灯串联在待查电路的电源供电部位，如可串联在胶盖闸刀熔丝的两接线桩上(熔丝已经去掉)，如图 5-16 所示。接通电源，若校火灯正常发光，说明该闸刀以后的总干线或各开关以前的分支线路有短路或严重漏电。这时可在线路上仔细查找短路点或漏电点，特别要注意导线接头处，绝缘破损处、线管(含穿墙套管)进出口处。如果校火灯不发红，说明主电路和各开关以前的支路没有短路和漏电故障。这时将各支路或用电器逐个接通，校火灯将逐渐发红，但远达不到正常发光程度。如果接通某条支路或某个用电器时，校火灯突然达到正常发光程度，则说明该支路或该用电器内部有短路故障存在。这时可切断电源，仔细检查。

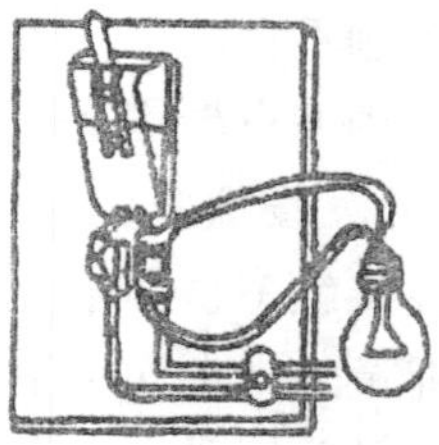

图 5-16　校火灯的连接

用校火灯检查短路故障的原理是：将校火灯接入主电路，与该电路后面的用电设备串联，当电路正常通电运行时，校火灯与后面各用电设备处于分压状态，由于其他用电设备分去了部分电压，使校火灯得不到额定电压，所以灯泡不能正常发光，只能发红甚至不亮，亮的程度也与分压大小有关。若线路和设备有短路故障，则使校火灯以后的电路电阻趋近于零，全部电源电压加在校火灯上，校火灯便能正常发光。

2. 负载过大或熔丝过细

线路负载过大或所用熔丝过细，均可能造成熔丝非正常熔断，使该线路停电。检查负载是否过大，可用钳形电流表或其他电流表检查干路电流，并与该电路额定工作电流相比较，若实际测得电流远大于额定电流，则系负载过大；若实测电流值不是远大于额定电流值，熔丝又容易熔断，则应检查熔丝规格是否偏小。

3. 胶木灯座两触头之间的胶木碳化漏电

往往由于灯泡功率偏大，灯泡与灯头接触不良，使灯座触头过热，导致两触头之间的胶木碳化，降低绝缘性能，造成严重漏电或短路。在用逐路通电法或校火灯法查出某一支路短路或严重漏电后，可直接用肉眼检查胶木灯座的该部分是否碳化。

(四) 灯光暗红

灯光暗红是指灯泡发光暗淡，照度明显下降，其直接原因是供给灯泡的电压不足，使其不能正常发光。造成灯泡电压不足的原因和检查方法如下。

1. 灯座、开关或导线对地严重漏电

电路和电器严重漏电，加重电路负荷，会使灯泡两端电压下降，造成发光暗淡。是否有漏电故障，仍可用检测负载电流与额定电流相比较的方法进行判断，如果实测电流比负载额定电流大得多，说明该电路有漏电故障。再逐点检查灯座、开关、插座和线路接头，特别要细心检查导线绝缘破损处，判断线路的裸露部分是否碰触墙壁或其他对地电阻较小的物体，线头连接处绝缘层是否完全恢复，线路和绝缘支持物是否受潮或受其他腐蚀性气体、盐雾等的侵蚀，进出电线管道处的绝缘层是否有破损。

2. 灯座、开关、熔断器等接触电阻大

如果这些器件接触不良使接触电阻变大，电流通过时发热，将损耗功率，使灯泡供电电压不足，发光暗红。检查这类故障时，在线路工作状态，只要用手触摸上述电器的绝缘外壳，会有明显温升的感觉，严重时特别烫手。对这种电器应拆开外壳或盖子，检查接触部位是否松动，是否有较厚的氧化层，并针对故障进行检修。若是由于高热使触头退火变软而失去弹性的电器，必须更新。

3. 导线截面太小，电压损失太大

发光暗红时，如果不是因为线路负载过重，应怀疑是否是线路电压损失过大造成。检查方法是先查线路实际电流，确定是否负荷过重。如果不是，再分别检查送电线路的首尾两端电压，这两者的差值即为电压损失，看其是否超出允许值。若系电压损失过大，通常都通过加大线路横截面来解决。对移动式电器，如果条件允许，还可用减小导线长度来解决。

4. 金属线管涡流损耗造成线路损失大

单根导线穿过钢管时，钢管成为环形磁性物质，与导线中的交变电流因电磁感应产生涡流并转换成热能，增大线路损失，使灯泡暗红。排除这种故障的方法是将一个完整的供电回路穿过同一根钢管，使其各根导线与钢管间的电磁感应产生的效果互相抵消，从而克服管道的涡流损耗。

(五) 灯泡发光强烈

灯泡发光强烈是指灯泡发光大幅度超过正常发光程度，造成这类故障的原因有以下三方面。

1. 灯丝局部短路

灯丝局部短路又叫搭丝，完好的灯泡一般不会发生这种现象。只有灯丝烧断后重新搭接，使搭接部位重复，造成灯丝长度不足，电阻减小，电流增大，必然发出强光。要排除这类故障只有另换灯泡。

2. 电源电压高于灯泡额定工作电压

有些没有与大型输电网络并网而独立供电的小型发电站，输出电压偏高，特别是离变压器较近的地区，电源电压高于灯泡额定工作电压，使灯泡发光强烈。在 10 kV/400 V 电力变压器上，高压侧有三挡可调输入电压，即 10.5 kV、10 kV 和 9.5 kV，可改变输出电压的高低。如果该变压器输电距离远，供电部门可能将输出电压调高，这样离变压器较近的用户，由于电源电压高于灯泡额定电压，使灯泡发光强烈，要解决这一问题，最好用交流稳压器将电源电压稳定在 220 V。

3. 灯泡与供电网络接错

在三相四线制供电系统中，误将照明系统中的零线接至另一根相线，使照明系统在 380 V 电压下工作，灯光强白，在很短的时间内就会使灯泡与其他单相用电设备烧毁。这种情况虽然发生不多，但后果特别严重。

第三节　日光灯的安装与维修

一、灯的组成

日光灯主要由灯管、镇流器和启辉器等部分组成。

(一) 灯管

灯管是一根 15～40.5 mm 直径的玻璃管，在灯管内壁上涂有荧光粉，灯管两端各有一根灯丝，固定在灯管两端的灯脚上。灯丝上涂有氧化物。当灯丝通过电流而发热时，便发射出大量电子，管内在真空情况下充有一定量的氩气和少量水银，如图 5-17 所示，当灯管两端加上电压时，灯丝发射出的电子便不断轰击水银蒸汽，使水银分子在碰撞中电离，并迅速使带电离子增殖，产生肉眼看不见的紫外线，紫外线射到玻璃管内壁的荧光粉上便发出近似日光色的可见光。氩气有帮助灯管点燃并保护灯丝、延长灯管使用寿命的作用。

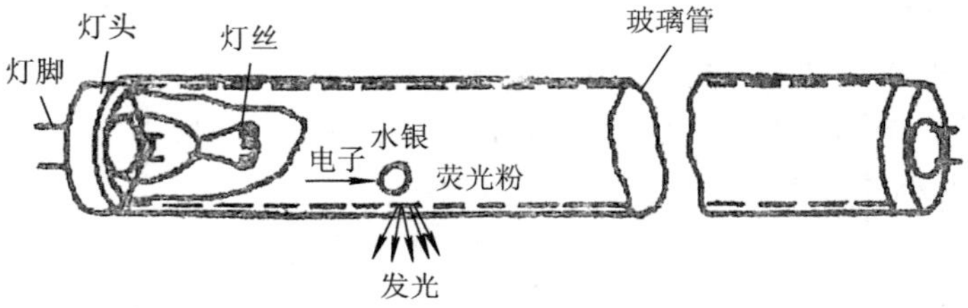

图 5-17　日光灯灯管构造

(二) 镇流器

镇流器是具有铁芯的电感线圈，它有两个作用：在启动时与启辉器配合，产生瞬时高压点燃灯管；在工作时利用串联于电路中的高电抗限制灯管电流，延长灯管使用寿命。

镇流器的结构形式有单线圈式和双线圈式两种，如图 5-18 所示。从外形上看，又分为封闭式、开启式和半开启式三种。图 5-18(a)是封闭式，5-18(b)是开启式。

图 5-18　日光灯镇流器

镇流器的选用必须与灯管配套，即灯管瓦数必须与镇流器配套的标称瓦数相同。

(三) 启辉器

启辉器又名启动器、跳泡，它由氖泡、纸介电容、引线脚和铝质或塑料外壳组成，如图 5-19 所示。氖泡内有一个固定的静止触片和一个双金属片制成的倒 U 形触片。双金属片由两种膨胀系数差别很大的金属薄片粘合而成，动触片与静触片平时分开，两者相距 1/2 mm 左右，其构造如图 5-19(a)所示。与氖泡并联的纸介电容容量在 5000 pF 左右，它的作用是：第一，与镇流器线圈组成 LC 振荡回路，能延长灯丝预热时间和维持脉冲放电电压；第二，能吸收干扰收录机、电视机等电子设备的杂波信号。如果电容被击穿，去掉后氖泡仍可使灯管正常发光，但失去吸收干扰杂波的性能。

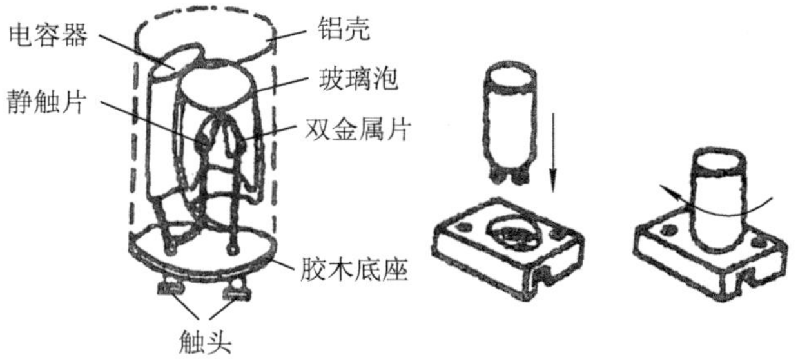

(a) 结构　　(b) 装配

图 5-19　启辉器

(四) 灯座

一对绝缘灯座承在灯架上，再用导线连接成日光灯的完整电路。灯座有开启式和插入式两种，如图 5-20 所示。开启式灯座还有大型和小型两种，如 6 W、8 W、12 W、13 W 等的细灯管用小型灯座，15 W 以上的灯管用大型灯座。

在灯座上安装灯管时，对插入式灯座，先将灯管一端灯脚插入带弹簧的一个灯座，稍用力使弹簧灯座活动部分向外退出一小段距离，另一端趁势插入不带弹簧的灯座。对开启式灯座，先将灯管两端灯脚同时卡入灯座的开缝中，再用手握住灯管两端灯头旋转约 1/4 圈，灯管的两个引出脚即被簧片压紧使电路接通，如图 5-21 所示。

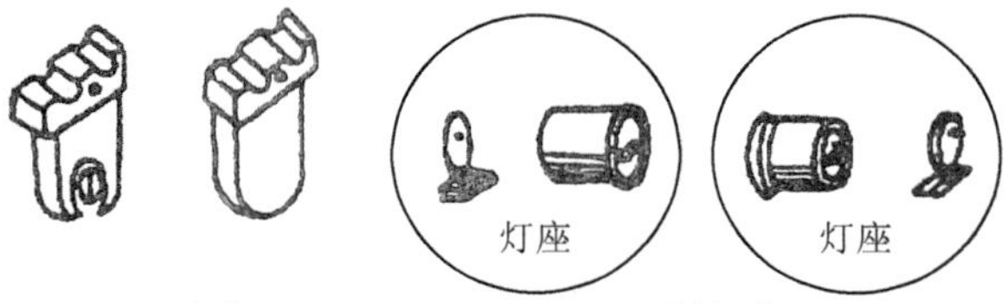

(a) 开启式　　(b) 插入式

图 5-20　日光灯座

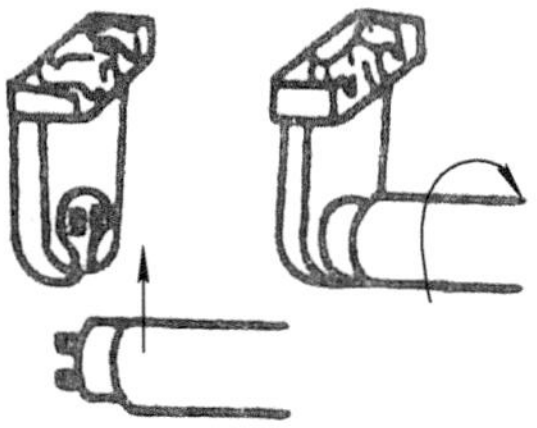

图 5-21　在开启式灯座上安装灯管

(五) 灯架

灯架用来装置灯座、灯管、启辉器、镇流器等日光灯零部件，有木制、铁皮制、铝皮制等几种，其规格应配合灯管长度、数量和光照方向选用。灯架长度应比灯管稍长，如图 5-22 所示。反光面应涂白色或银色油漆，以增强光线反射。

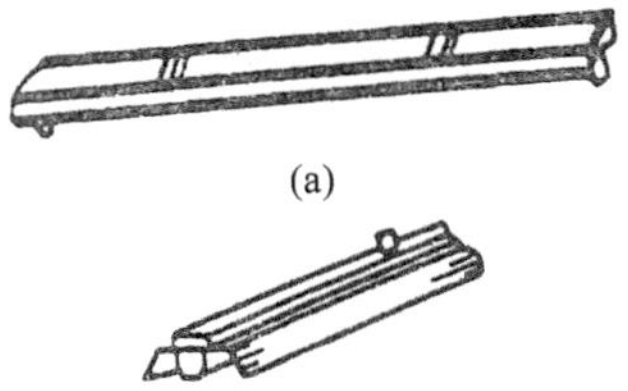

(a)

(b)

图 5-22　日光灯架

二、日光灯电路和工作原理

日光灯镇流器分单线圈式和双线圈式两种，它的电路接法也有如图 5-23 所示的几种形式。

日光灯的工作过程分为启辉和工作两个阶段，下面以图 5-23(a)所示电路为例分析单线圈镇流器日光灯的工作原理。由图可见，开关、镇流器、灯管两端的灯丝和启辉器，可认为处于串联状态。刚合上开关的瞬间，启辉器动、静触片处于断开位置，而灯管属于长管放电发光状态，启辉前管内内阻较高，灯丝发射的电子不能使灯管内部形成电流通路；镇流器处于空载，线圈两端电压降极小，电源电压几乎全部加在启辉器氖泡动、静触片之间，使其发生辉光放电而逐渐发热；U 形双金属片受热后，由于两种金属的膨胀系数不同，发生膨胀伸展而与静触片接触，将电路接通，构成日光灯启辉状态的电流回路，使电流流过镇流器和两端灯丝，灯丝被加热而发射电子；启辉器动、静触片接触后，辉光放电消失、触片温度下降而恢复断开，将启辉器电路分断；此时镇流器线圈中由于电流突然中断，在电感作用下产生较高的自感电动势，出现瞬时脉冲高压，它和电源电压叠加后加在灯管两端，导致管内惰性气体电离发生弧光放电，使管内温度升高，液态水银汽化游离，游离的水银分子剧烈运动撞击惰性气体分子的机会急剧增加，引起水银蒸气弧光放电，辐射出波长为 2537 A 左右的紫外线，紫外线激发管壁上的荧光粉而发出日光色的可见光。

灯管启辉后，管内电阻下降，日光灯管回路电流增加，镇流器两端电压降跟着增大，有的要大于电源电压的 1.5 倍以上，加在氖泡两端的电压大大降低，不足以引起辉光放电，启辉器保持断开状态而不起作用，电流由管内气体导电而形成回路，灯管进入工作状态。

由日光灯工作原理可见，镇流器具有如前所述的作用：在启辉过程中，它利用自身感抗限制灯丝预热电流并使其保持电子发射能力，防止灯丝被烧断。在灯管启辉以后，降低灯管两端工作电压，限制其工作电流，保证灯管正常工作。为减少磁饱和，镇流器铁芯磁路中根据所配用灯管功率不同而留有不同间隙，以增加漏磁通，限制灯管启动电流。

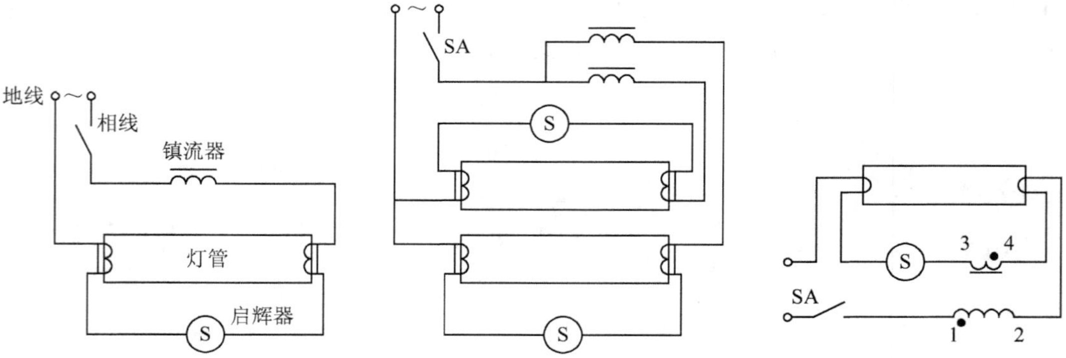

(a) 单线圈式单管电路　(b) 单线圈式双管电路　(c) 双线圈式单管电路

图 5-23　日光灯常用电路

双线圈镇流器日光灯的工作原理如图 5-23(c)所示。开启电源，当电流流过主线圈 1、2 时，在副线圈 3、4 中感应出电动势。感应电动势经过启辉器和灯管一端灯丝后，加在主线圈上，这个感应电动势与主线圈电动势方向相反，将主线圈磁场抵消一部分，从而减小了主线圈的交流阻抗，使主线圈中供电电流增加，给镇流器储存更多的能量，使灯管中两灯丝之间发射的电子对水银蒸气的轰击力更大，容易使灯管启辉。当灯管点燃后，启辉器断开，副线圈感应电动势消除，不再影响主线圈磁场，使主线圈恢复到较高阻抗，限制日光灯的工作电流，保证灯管正常工作。

在使用双线圈镇流器时，必须区分出主线圈与副线圈。区分方法可用万用表检测法：用万用表 R × 10 Ω 或 R × 1 Ω 挡检查两个线圈的冷态直流电阻。6～8 W 镇流器主线圈电阻在 150 Ω 左右，副线圈在 10 Ω 左右；10～20 W 镇流器主线圈电阻在 30 Ω 左右，副线圈电阻在 2 Ω 左右。

三、日光灯的安装

安装日光灯，首先是对照电路图连接线路，组装灯具，然后在建筑物上固定，并与室内的主线接通。安装前应检查灯管、镇流器、启辉器等有无损坏，是否互相配套，然后按下列步骤安装：

(1) 准备灯架：根据日光灯管长度的要求，购置或制作与之配套的灯架。

(2) 组装灯架：对分散控制的日光灯，将镇流器安装在灯架的中间位置，对集中控制的几盏日光灯，几只镇流器应集中安装在控制点的一块配电板上。然后将启辉器座安装在灯架的一端，两个灯座分别固定在灯架两端，中间距离要按所用灯管长度量好，使灯管两端灯脚既能插进灯座插孔，又能有较紧的配合。

各配件位置固定后，按电路图进行接线，只有灯座才是边接线边固定在灯架上。接线完毕，要对照电路图详细检查，以免接错、接漏。

(3) 固定灯架：固定灯架的方式有吸顶式和悬吊式两种。悬吊式又分金属链条悬吊和钢管悬吊两种。安装前先在洞口定点打孔预埋合适的紧固件，然后将灯架固定在紧固件上，其安装方式和实际接线如图5-24所示。最后把启辉器旋入底座，把日光灯管装入灯座、开关、熔断器等按白炽灯安装方法进行接线。检查无误后，即可通电试用。

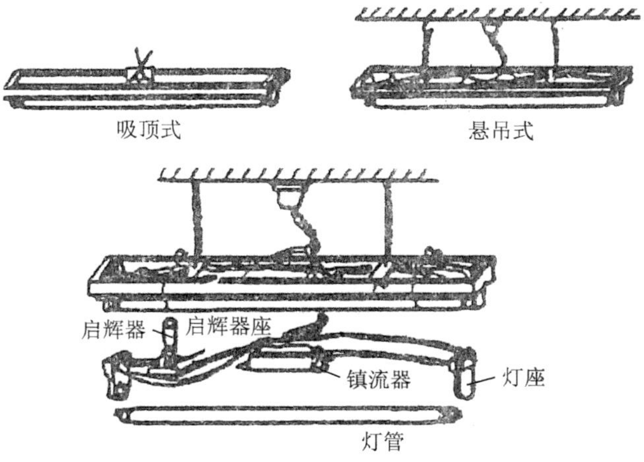

图 5-24　日光灯的安装方式与实际接线

四、日光灯的检修

与白炽灯相比，日光灯线路较为复杂，使用中出现的故障也相应增多。下面根据日光灯的故障现象，分析其产生原因与检修方法。

(一) 接通电源，灯管完全不发光

接通电源后灯管完全不发光的原因与检修如下：

(1) 日光灯供电线路开路或附件接触不良：可参照上节白炽灯开路故障的检查与排除方法。

(2) 启辉器损坏或启辉器与底座接触不良：拔下启辉器用短路导线接通启辉器座的两个触头，如果这时灯管两端发红，取掉短路线时，灯管即启辉(有时一次不行，需要几次)，则可证明是启辉器坏或与底座接触不良。可以检查启辉器与底座接触部分是否有较厚氧化层、脏物或接触点簧片弹性不足。如果接触不良故障消除后，灯管仍不启辉，则说明是启辉器损坏，需更换。

(3) 对新装日光灯：可能是接线错误，应对照线路图，仔细检查，若是接线错误，应改正。

(4) 灯丝断开或灯管漏气：判断灯丝是否断开，可取下灯管，用万用表电阻挡分别检测两端灯丝。若指针不动，表明灯丝已断。如果灯管漏气，刚通电时管内就产生白雾，灯丝也立即被烧断。

(5) 灯脚与灯座接触不良：轻微扭动灯管，改变灯脚与灯座的接触状况，看灯光是否变化，否则取下灯管，除去灯脚与灯座接触面上的氧化物，再插入通电试用。

(6) 镇流器内部线圈开路：接头松脱或与灯管不配套，可用一个在其他日光灯路上能正常工作而又与该灯管配套的镇流器代替。如灯管正常工作，则证明镇流器有问题，应更换。

(7) 电源电压太低或线路压降太大：可用万用表交流电压挡检查日光灯电源电压。若有条件时，可更换截面较大的导线或在线路上串联交流稳压器等。

(二) 灯管两头发红但不能启辉

(1) 启辉器中纸介电容击穿或氖泡内动、静触片粘连：这两种情况均可用万用表 $R\times1\ k\Omega$ 挡检查启辉器两接线引出脚。若表针偏到 $0\ \Omega$ 则系电容击穿或氖泡内动、静触片粘连。后者可用肉眼直接判断后更换

启辉器。若系纸介电容击穿，可将其剪除，启辉器仍可暂时使用。

(2) 电源电压太低或线路压降太大可参照(一)中第(7)项所述处理。

(3) 气温太低可给灯管加罩，不让冷风直吹灯管。必要时用热毛巾捂住灯管来回热敷，待灯管启辉后再拿开。

(4) 灯管陈旧，灯丝发射物质将尽，这时灯管两端明显发黑，应更换灯管。

(三) 启辉困难

灯管两端不断闪烁，中间不启辉，原因及检修方法如下：

(1) 启辉器不配套应调换与灯管配套的启辉器。

(2) 电源电压太低，可参照(一)中第(7)项处理。

(3) 环境温度太低，参照(二)中第(3)项处理。

(4) 镇流器与灯管不配套，启辉电流较小，应换用配套镇流器。

(5) 灯管陈旧，换新灯管。

(四) 灯管发光后立即熄灭

(1) 接线错误，烧断灯丝。应检查线路，改进接线，更换新灯管。

(2) 镇流器内部短路，使灯管两端电压太高，将灯丝烧断。用万用表相应电阻挡或用电桥检测镇流器冷态直流电阻，如果电阻明显小于正常值，则有短路故障，应更换镇流器。

(五) 灯管两头发黑或有黑斑

(1) 启辉器内纸介电容击穿或氖泡动、静触片粘连。这会使灯丝长期通过较大电流，导致灯丝发射物质加速蒸发并附着于管壁，应更换启辉器。

(2) 灯管内水银凝结。这种现象在启辉后会自行蒸发消失。必要时可将灯管旋转 180° 使用，有可能改善使用效果。

(3) 启辉器性能不好或与底座接触不良。这会引起灯管长时间闪烁，加速灯丝发射物质蒸发，应更换启辉器或检修启辉器座。

(4) 镇流器不配套。

(5) 镇流器过载或内部短路。应检查镇流器过载的原因并排除故障。若镇流器内部短路应更换。是否短路仍可用万用表测线圈冷态直流电阻判断。

(6) 启辉器不良。由于不断交替通断引起杂声，应更换新启辉器。

(7) 镇流器温升过高。检查镇流器温升过高的原因，若系镇流器故障，应更换；若系线路故障，应检修。

(六) 镇流器过热

(1) 灯架内温度过高，应设法改善通风条件。

(2) 电源电压过高或镇流器质量不好(如内部匝间短路)。若系电源电压过高，有条件时可参照上述方法降低电源电压，若系镇流器质量不好应更换。

(3) 灯管闪烁时间或连续通电时间过长。按上述有关内容排除引起闪烁的故障，适当缩短每次灯管使用时间。

(七) 灯管寿命短

(1) 镇流器不配套或质量差，使灯管工作电压偏高。灯管工作电压仍可用万用表交流电压挡检查，若偏高，应更换合格镇流器。

(2) 开关次数太多或启辉器故障引起长时间闪烁。尽可能减少开关次数，若是启辉器故障应更换之。

(3) 新装日光灯可能因接线错误，通电不久就使灯丝被烧断。应细心检查灯具接线情况，在确认接线完全正确后再换新灯管。

(4) 灯管受强烈振动，将灯丝振断。消除振动因素后换新灯管。

(八) 断开电源，灯管仍发微光

(1) 荧光粉有余辉的特性，短时有微光属正常现象。

(2) 开关接在零线上，关断后灯丝仍与火线相连。只需将开关改接到相线上，故障即可消除。

(3) 线路电压过高，加速灯丝发射物质蒸发。用万用表检查线路电压，若过高则采用降压措施解决，如用交流稳压器等。

(4) 灯管使用时间过长，两头发黑，这时应更换新灯管。

(九) 灯管亮度变低或色彩变差

(1) 气温低。气温低影响灯管内部水银气化和降低弧光放电能力，应加防护罩回避冷风。

(2) 电源电压太低或线路电压损失较大。参照(一)中第(7)项所述内容解决。

(3) 灯管上积垢太多。应清洁灯管。

(4) 灯管陈旧，发光性能下降，无法使用时应换新灯管。

(5) 镇流器不配套或有故障，使线路工作电流太小。可换上与灯管配套的能正常工作的镇流器对比检查，如确系镇流器问题应更换。

(十) 启辉后灯光在管内旋转

(1) 新灯管的暂时现象，启动几次后即可消除。

(2) 镇流器不配套，使电路工作电流偏大。可换配套镇流器重试。

(3) 灯管质量不好，应更换新灯管。

(十一) 灯光闪烁

(1) 新灯管暂时现象，启动几次后即可消除。

(2) 启辉器坏。氖泡内动、静触片不断交替通断而引起闪烁。应更换新启辉器。

(3) 线路连接点接触不良，时通时断。检查线路，加固各接头点。

(4) 线路故障使灯丝有一端因线路短路不发光。将灯管从灯座中取出，两端对调后重新插入灯座。若原来不发光的一端仍不发光，则是灯丝断；若原来发光的一端调过来就不发光了，则是后来不发光的一端所接线路短路，应检查线路，排除短路故障。

(十二) 灯管启辉后有交流嗡声和杂声

镇流器硅钢片未插紧。如手边有同样规格的硅钢片，可将其插紧。但镇流器内部多用沥青或绝缘漆等封固，铁芯拆卸相当困难，通常只能换新镇流器。

第四节　照明灯、广告彩灯线路

一、一只单联开关控制一盏灯

无论在生产、办公、营业场所，还是在一般家庭中，灯具都是应用极为广泛的一种用电器。灯具的接线安装要做到安全、经济、美观、合理，并且便于维修。用一只单连开关控制一盏灯的线路，是一种最简单最常用的方法。开关 S 应安装在相线(俗称火线)上，开关以及灯头的功率不能小于所安装灯泡的额定功率，螺口灯头接线，灯头中心应接火线。照明灯安装在露天场所时，要用防水灯座和灯罩，并且还应考虑灯泡的额定电压应符合电源电压的要求，零线不允许串接熔断器。接线请按图 5-25 连接。

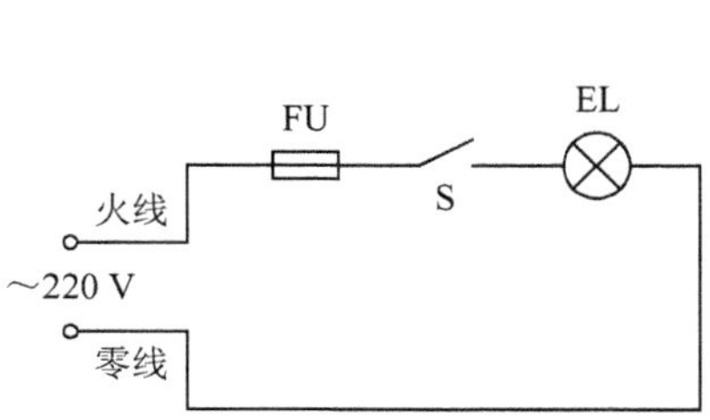

图 5-25　一只单联开关控制一盏灯

二、一只单联开关控制一盏灯并另外连接一只插座

加接的插座一般并接于电源上，见图 5-26(a)。但有时为了维修方便，减少故障点，接头可接入用电器内部接线柱上，外部连线可做到无接头。接线安装时，插座所连接的用电器功率应小于插座的额定功率，选用连接插座的电线所能通过的正常额定电流，应大于用电器的最大工作电流，如图 5-26(b)所示。

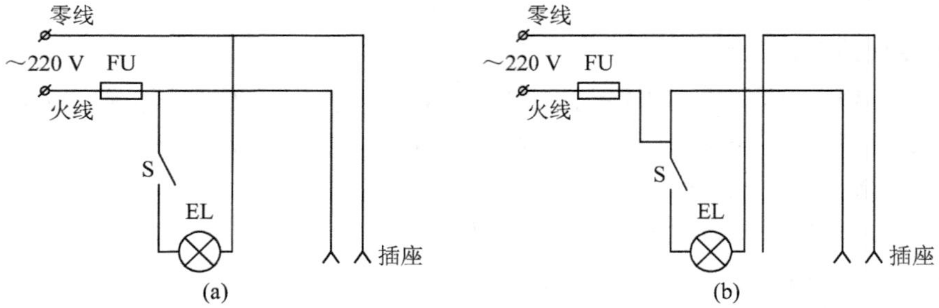

图 5-26　一只单联开关控制一盏灯并另外连接一只插座

三、一只单联开关控制三盏灯或控制多盏彩灯

用一只单联开关控制三盏灯及三盏以上灯或彩灯，线路如图 5-27 所示。安装接线时，要注意所连接的所有灯泡总电流，须小于开关允许通过的额定电流值，就是说不能超过该开关容许的功率范围。

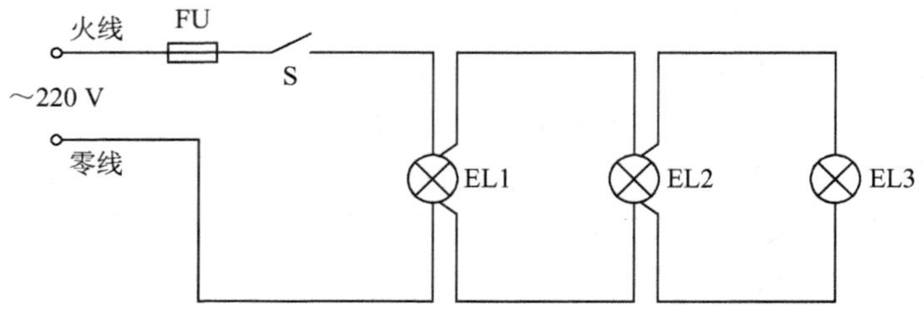

图 5-27　一只单联开关控制三盏灯或控制多盏彩灯

四、两只单联开关控制两盏灯

两只单联开关控制两盏灯可按图 5-28 中实线部分连接。多只单联开关控制多盏灯，可参照同样方法连接，如图 5-28 中虚线所示。这种连接线路的特点是，接线接头全部接入电气元器件内部，从而减少了外部接线连接头，在一定程度上减少了故障点，可方便维修人员维修线路。

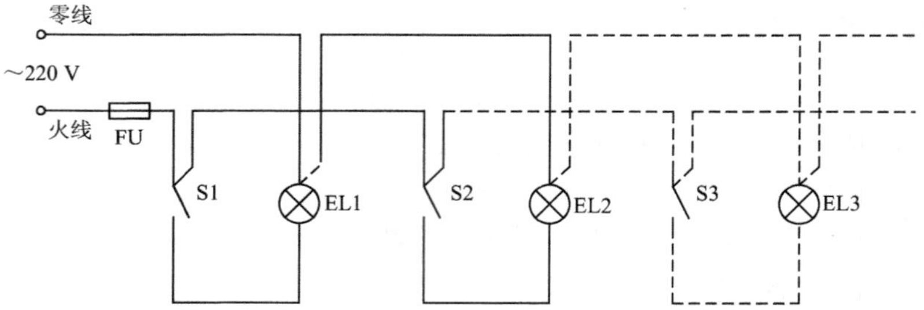

图 5-28　两只单联开关控制两盏灯

五、两种用两只双联开关在两地控制一盏灯的线路

有时为了方便控制照明灯，需要在两地控制一盏灯。例如楼梯上使用的照明灯，要求在楼上、楼下都

能控制其亮灭。一般需要用两根连线，把两只开关连接起来。这种连接方法也广泛应用于家庭装修控制照明灯中，接线方法见图 5-29(a)。另一种线路可在两开关之间节省一根导线，同样能达到两只开关控制一盏灯的效果，这适用于两开关较远的场所，缺点是由于线路中串接了整流管，灯泡的亮度会降低些，一般可应用于亮度不高的场所，如图 5-29(b)所示。

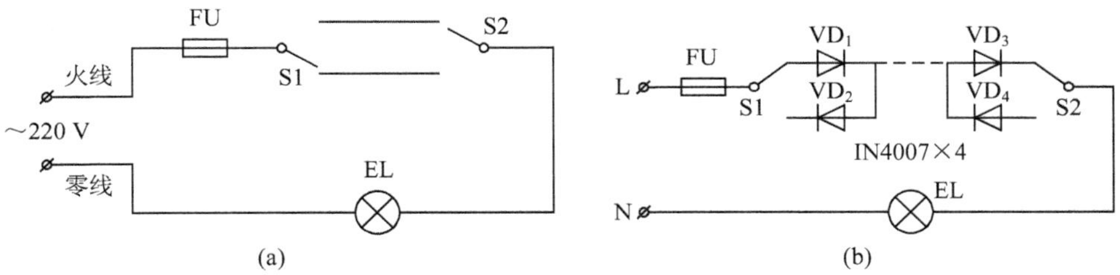

图 5-29　两种用两只双联开关在两地控制一盏灯的线路

六、用三个开关控制一盏灯

在日常生活中，经常需要用两个或多个开关来控制一盏灯，如楼梯上有一盏灯，要求上、下楼梯口处各安一个开关，使上、下楼都能开灯或关灯。这就需要一灯多控。图 5-30 所示是三个开关控制一盏灯的线路。开关 S1 和 S3 用单刀双掷开关，而 S2 用双刀双掷开关。S1、S2、S3 三个开关中的任何一个都可以独立地控制电路通断。

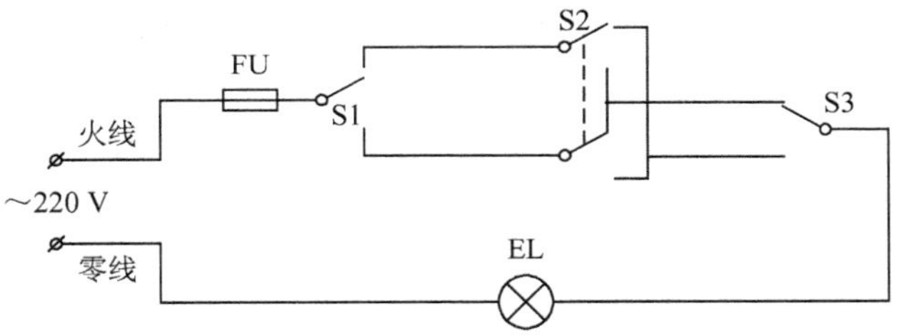

图 5-30　用三个开关控制一盏灯

七、五层楼照明灯开关控制方法

如图 5-31 所示，S1～S5 分别装在一、二、三、四、五层楼的楼梯上，灯泡也分别装在各楼层的走廊里。这样在任何一个地方都可控制整座楼走廊的照明灯，例如上楼时开灯，到五楼再关灯，或从四楼下楼时开灯，到一楼再关灯。应用这种方法控制楼房照明灯非常方便，可达到人走灯灭节能的良好效果。

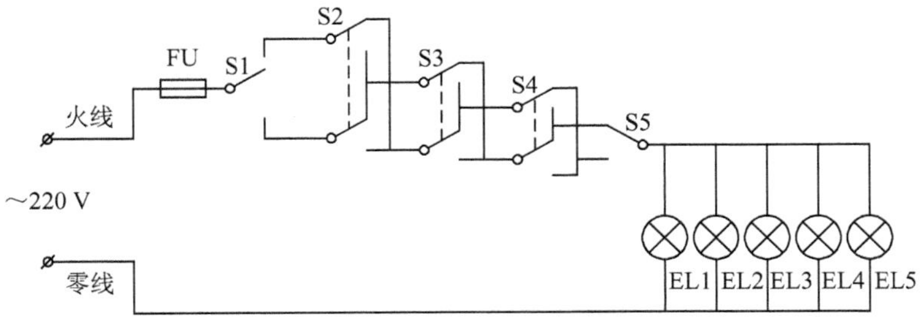

图 5-31　五层楼照明灯开关控制方法

第六章　照明线路安装及电工仪表测量实训

实训一　单相电度表安装

一、实训目的

(1) 了解单相电度表的工作原理。

(2) 正确连接日光灯。

(3) 正确连接双日光灯的线路。

二、实训设备

实训所需设备如实训表 6-1 所示。

实训表 6-1　实 训 设 备

设　　备	数　　量
单相电度表	1
单相闸刀开关	1
拉线开关	1
灯座	1
灯泡 220 V、25 W	1
插座(二眼)	1

三、实训线路

实训设备接线线路如图 6-1 所示。

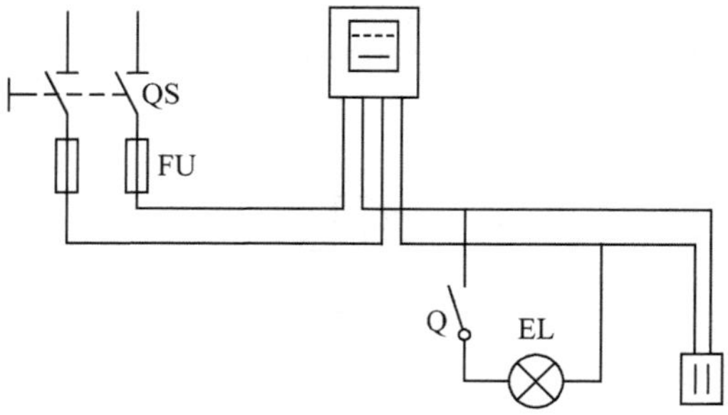

实训图 6-1　单相电度表的接线

四、实训报告

(1) 正确画出单相电度表的内部接线图。

(2) 如何计算用电数，1 度电=________。

实训二　用两只双联开关在两地控制一盏灯

1、实训目的

(1) 熟悉双联开关的结构与工作原理。

(2) 正确连接双联开关的控制线路。

二、实训设备

实训设备如实训表 6-2 所列。

实训表 6-2　实 训 设 备

设　　备	数　　量
双联开关	2
单相闸刀开关	1
灯座	1
灯泡 220 V、25 W	1

三、实训线路

接线方式如实训图 6-2 所示。

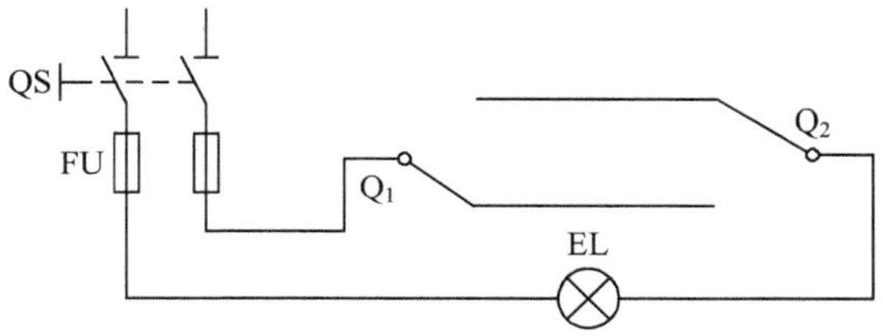

实训图 6-2　两只双联开关在两地控制一盏灯

四、实训报告

(1) 分析用两只双联开并在两地控制一盏灯的工作原理。

(2) 如果不用双联开关是否可以实现两地控制一盏灯。

实训三　日光灯线路的安装

一、实训目的

(1) 熟悉日光灯的工作原理。

(2) 正确连接日光灯。

(3) 正确连接双日光灯的线路。

二、实训设备

实训设备如实训表 6-3 所列。

实训表 6-3　实 训 设 备

设　　备	数　　量
日光灯管 20 W、220 V	2(套)
单相闸刀开关	1
拉线开关	1

三、实训线路

(1) 日光灯的一般接法如实训图 6-3 所示。

(2) 双日光灯接线方法如实训图 6-4 所示。

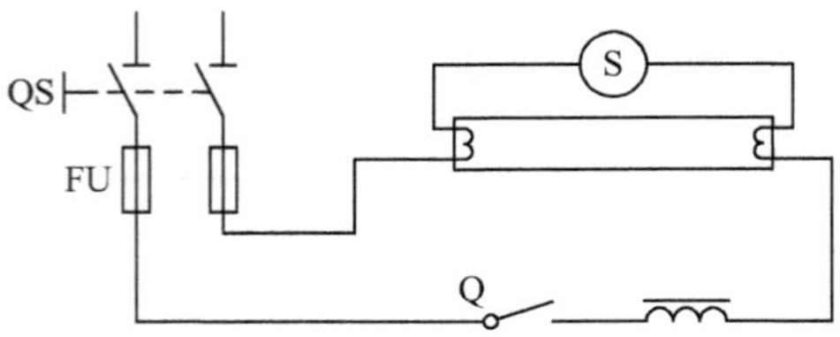

实训图 6-3　日光灯的一般接法

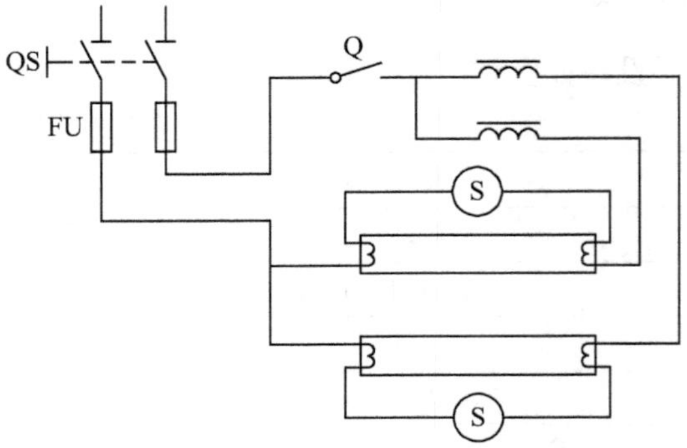

实训图 6-4　双日光灯的接线方法

四、实训报告

(1) 简述日光灯的工作原理。

(2) 如果少一个启动器，你用什么方法使日光灯点亮？

实训四　测取灯负载的电能

一、实训目的

(1) 会用功率表、电度表、交流电流表、交流电压表。

(2) 能应用调压器调节负载的电压。

(3) 能正确选择表的量程且能正确接线。

二、实训设备

本实训项目设备如实训表 6-4 所列。

实训表 6-4　实 训 设 备

设　　备	数　　量
单相闸刀开关	1
单相调压器	1
交流电压表	1
交流电流表	1
单相功率表	1
单相电度表	1
灯泡 220 V、15 W	9

三、实训线路

接线方式如实训图 6-5 所示。

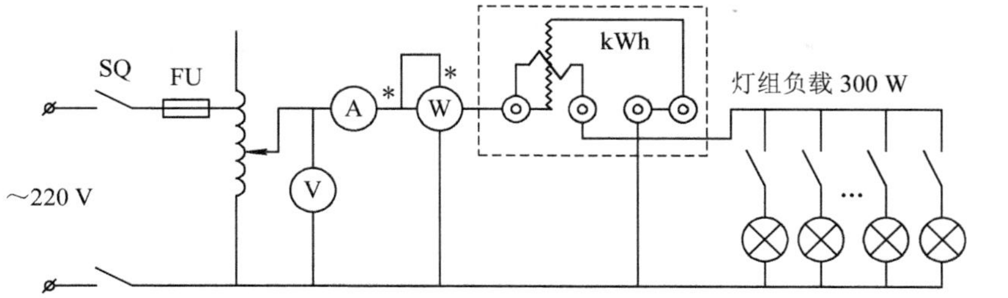

实训图 6-5　灯负载测量接线图

第七章 电气布线与电动机简介

第一节 电 气 布 线

电气布线包括高压架空线路、电缆线路和室内配电线路布线等。只有正确地掌握了电气线路的布线、安装和敷设技术，才能保证电气设备和电气线路的安全运行。

高压架空线路具有投资费用低(相对于电缆线路)、施工期短、易于发现故障等特点。其主要由导线、电杆、横担、绝缘子4部分组成。架空线路的导线应具备导电性能好、机械强度高、重量轻、价格低及耐腐蚀等条件；电杆应有足够的机械强度，且应具备造价低、寿命长等条件；横担和绝缘子主要是能承受与线路相适应的电压，并具有一定的机械强度。

电缆可直接埋入地下，不占地面上的空间，其运行可靠，敷设隐蔽，故在不宜敷设架空线路的地方可使用电缆线路。电缆主要根据线路要求的传输容量，按产品额定载流量来选择导线截面积，并进行短路校验。在敷设电缆线路时，要尽可能选择距离最短的路线，尽量减少穿越各种管道、铁路、公路的次数，并尽可能保证电缆不致受到各种损伤。电缆主要有直埋敷设、电缆沟敷设、隧道敷设和排管敷设等。

室内电气线路通常由导线、导线支持物和用电器具所组成。室内线路的安装有明线安装和暗线安装两种。导线沿墙壁、天花板、梁及柱子等在明处敷设，称为明线安装。导线穿管埋设在墙内、地坪内或装设在顶棚里称为暗线安装。按布线方式可分为：瓷夹板布线、瓷瓶布线、槽板布线、塑料护套线布线、电线管布线等。

本节重点介绍电气控制线路的布线规范要求。

一、电气布线的基本要求

(一) 导线的选用

1. 导线的类型

导线分软线和硬线两类，硬线只能固定安装于不动的部件之间，在有可能出现震动的场合应采用软线。

2. 导线的绝缘

导线必须绝缘良好，并应有抗化学腐蚀能力。在特殊条件下工作的导线，必须满足使用条件的要求。

3. 导线的截面积

导线应能承受正常条件下流过的最大稳定电流，同时考虑线路允许的电压损失，并具有足够的机械强度。

4. 导线的标志

(1) 颜色标志：保护导线(PE)必须采用黄绿双色；动力电路的中性线(N)应是浅蓝色；交流或直流动力电路应采用黑色；交流控制电路采用红色；重流控制电路用蓝色；连锁用的导线，若与外部控制电路连接，应采用桔黄色或黄色，与保护导线相连接的电路采用白色。

(2) 导线的标号标志：导线线号的标志应该与电气原理图和接线图相符合。在每一根导线的线头上必须套上标有线号的套管，位置应接近接线端子处。

(二) 敷线方法

所有导线从一个接线端子到另一个接线端子的走线必须是连接的，中间不得有分支。明露导线应做到横平竖直、整齐美观、布线合理。

(三) 接线方法

导线的连接必须牢固可靠，不得松动。一般一个接线端子只连接一根导线。对于专门设计的端子，可采用夹紧、压接、焊接、绕接等工艺连接两根或多根导线。各种场合导线的连接方法和要求参见第三章第二节所述。

(四) 控制箱(板)内部配线方法

一般采用能从正面修改配线的方法，如板前线槽配线和板前明线布线，较少采用板后布线的方法。

采用线槽布线时，线槽装线不得超过容积的 70%，以便安装和维修。对于线槽外部的配线一般须接到端子板或用连接器过渡，但动力电路和测量电路的导线可直接接到电器的端子上。

(五) 控制箱(板)外部配线要求

除有适当保护的电缆外，全部布线必须一律装在导线通道内，使导线有适当的机械保护，防止液体、铁屑和灰尘的侵入。

导线通道必须固定可靠，并应留有余量，便于以后增加导线。移动部件或可调整部件上的导线必须用软线。不同电路的导线可以穿在同一线管内或处于同一个电缆之中。若工作电压不同，则导线绝缘等级必须满足最高一级电压的要求。为便于维修，凡安装在同一通道内的导线束，必须留有足够的备用导线。

二、明线布线的规范要求

明线布线，应符合平直、整齐、紧贴敷设面、走线合理美观、接点不得松动的原则，具体要求如下：

(1) 走线通道应尽可能少，同一通道中的沉底导线，需按主电路和控制电路分类集中，单层平行密排，并紧贴敷设面。

(2) 布线应该横平竖直，变换走向应垂直。

(3) 在同一平面上的导线应高低一致或前后一致，不能交叉。当必须交叉时，该导线应从接线端子引出，水平架空跨越，但必须走线合理。

(4) 导线与接线桩或接线端子连接时，应不压绝缘层、不反圈、不露铜过长，并使同一元件、同一回路不同接点的导线间的距离一致。

(5) 一个电器元件接线端子的连接导线不得超过两根，每节接线端子板上的连接一般只允许连接一根。

(6) 布线时严禁损伤线芯和破坏绝缘层。

(7) 每个导线线头应套上编码管。

三、线槽布线的规范要求

进入线槽的导线要完全置于走线槽内，并能方便盖上线槽盖；各接点不能松动；在线槽外的导线应该横平竖直、整齐、走线合理，具体要求如下：

(1) 走线槽内的导线应尽可能避免交叉，装线不要超过其容量的 70%。

(2) 各电器元件接线端子引出或引入的导线，须经过走线槽连接。

(3) 各电器元件与走线槽之间的外露导线，要尽可能做到横平竖直，变换走向要垂直。从同一元件位置一致的端子上引入或引出的连接导线，要敷设在同一平面上，且高低一致或前后一致，不得交叉。

(4) 各电器元件接线端子引出线的走向，以元件的水平中心线为界限，水平中心线以上接线端子引出的导线，必须进入元件上面的走线槽；水平中心线以下接线端子引出的导线，必须进入元件上面的走线槽；水平中心线以下接线端子引出的导线，必须进入元件下面的走线槽。任何导线都不允许从水平方向进入走线槽内。

(5) 所有导线连接必须牢固，截面积在等于或大于 0.05 mm^2 时须采用软线。若接线端子不适合连接软线时，可以在导线端头穿上针形或叉形轧头并压紧。

(6) 所有接线端子、导线接头上必须套有与原理图上相应接点一致的线号编码套管。

(7) 布线时严禁损伤线芯和导线绝缘。

第二节　电动机分类和铭牌

一、电动机分类

在国民经济各部门中，广泛地使用着各种各样的生产机械，而它们又需要有原动机拖动才能正常工作。目前拖动生产机械的原动机主要是电动机。电动机是把电能转换为机械能的旋转机械。下面就电动机的分类作一简单介绍。

(一) 直流电动机的分类

直流电动机是按励磁方式的不同分类的。根据励磁绕组和电枢绕组的不同连接方式，直流电动机可分为他励式直流电动机、并励式直流电动机、串励式直流电动机与复励式直流电动机等，如图 7-1 所示。

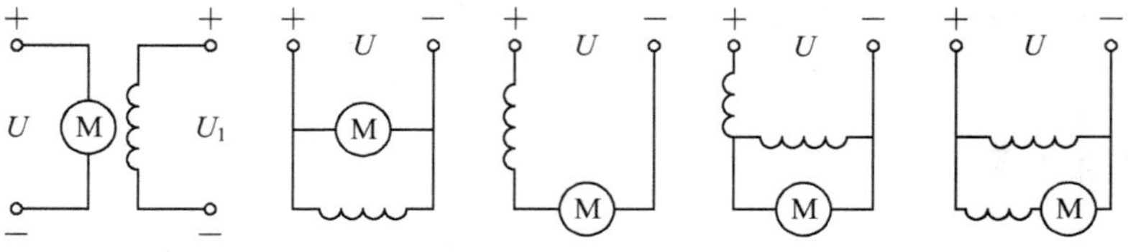

图 7-1　直流电动机的分类

(二) 三相异步电动机的分类

按电动机外壳的不同防护形式，三相异步电动机可分为开启式、防护式、封闭式及全封闭式等。

按定子铁芯外围尺寸的大小不同，三相异步电动机可分为小型电动机(外圆 120～500 mm)、中型电动机(500～990 mm)、大型电动机(大于 1000 mm)。

按电动机转子的结构型式不同，三相异步电动机可分为鼠笼型和绕线型两类。鼠笼型又可分为单鼠笼型、双鼠笼型与深槽型等。

按通风方式不同，三相异步电动机可分为自冷式、自扇冷式、他扇冷式和管道通风式等。

(三) 同步电动机的分类

按转子结构不同，同步电动机可分为凸极式与隐极式两类。

按运行方式不同，同步电动机可分为同步电动机和同步补偿机。同步补偿机是空载运行的同步电动机，它从电网吸取超前电流，是专门用来提高电网的功率因数的。

(四) 特殊电动机分类

(1) 伺服电动机：在自动控制系统中，伺服电动机用来驱动控制对象，它的转矩和转速受信号电压控制。当信号电压的大小和极性发生变化时，电动机的转速和转动方向将非常灵敏和准确地跟着变化。伺服电动机有交流与直流两种。

(2) 电磁调速异步电动机：电磁高速异步电动机(即滑差电动机)是一种能够平滑而连续地变速的交流电动机。它由三相鼠笼型异步电动机、电磁转差离合器与控制装置等三部分组成。

(3) 步进电动机：步进电动机是一种将电脉冲信号变换成角位移或直线位移的执行元件，每输入一个电脉冲信号，它就转动一定的角度或前进一步。

步进电动机的种类很多，有旋转运动的、直线运动的和平面运动的等。

(4) 力矩电动机：力矩电动机是一种可以长期在堵转状态下工作的电动机。按其电流的种类和不同用途可分为两大类：直流力矩电动机和三相交流力矩异步电动机。而交流力矩电动机又可分为卷绕特性力矩电动机和导辊特性力矩电动机两种。

二、三相异步电动机的铭牌

要用好一台三相异步电动机，首先必须了解它的铭牌。电动机外壳上都有一块铭牌，上面打印有这一台电动机的基本性能数据，以便按照这些额定数据正确使用。图 7-2 所示为一块铭牌示意图，各项内容的含义简述如下。

三相异步电动机			
型号	Y112M-4	功率	4 千瓦
电压	380 伏	电流	8.8 安
接法	△	转速	1400 转/分
频率	50 赫兹	绝缘等级	E
温升	80℃	工作方式	S_1
防护等级	IP44	重量	45 公斤
	××电机厂		×年×月×日

图 7-2　三相异步电动机的铭牌示意图

(一) 型号

型号是电机类型、规格的代号。国产异步电动机的型号由汉语拼音字母以及国际通用符号和阿拉伯数字组成，如图 7-3 所示。

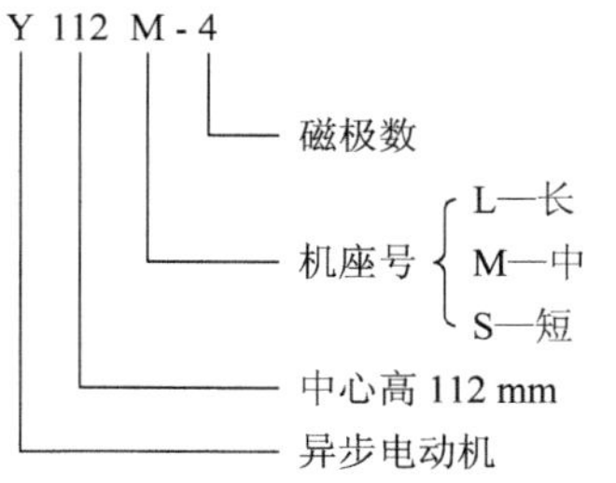

图 7-3　国产异步电动机型号

(二) 电压

电压指电动机定子绕组按其连接方式正常运转所需加的额定线电压。

(三) 电流

电流指电动机在额定电压下满载运行时定子绕组中的线电流。

(四) 功率

功率是在额定运行情况下，电动机轴上输出的机械功率。

(五) 转速

转速是在额定频率、额定电压和额定输出功率时，电动机每分钟的转数。

(六) 接法

接法指三相异步电动机定子绕组的连接方式，电源电压为 380 V，电动机应接成三角形。

(七) 温升和绝缘等级

运行时电动机温度高出环境温度的容许值叫做容许温升。环境温度规定为 40℃。因此温升为 65℃的电动机最高容许温度为 105℃。容许温升的高低，与电动机所采用的绝缘材料的耐热性能有关。常用绝缘材料的级别及其最高容许温度如表 7-1 所示。

表 7-1　常用绝缘材料的级别及其最高容许温度

级　　别	A	E	B	F	H
最高容许温度/℃	105	120	130	155	188

(八) 工作方式

异步电动机的工作方式可分为三种：

(1) 连续工作方式：可按铭牌上规定的功率长期连续使用，而温升不会超过容许值。如水泵、通风机等设备常为连续工作方式，用代号 S_1 表示。

(2) 短时工作方式：每次只允许在规定时间以内按额定功率运行，如果连续使用，则会使电动机过热，用代号 S_2 表示。

(3) 断续工作方式：电动机以间歇方式运行，吊车和起重机械多为此种方式，用代号 S_3 表示。

(九) 防护等级

防护等级是指外壳防护形式的分级，如图 7-4 所示。

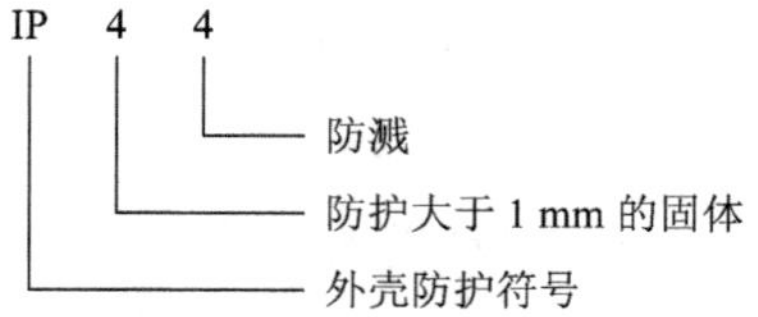

图 7-4　电动机防护等级

第八章　常用低压电器

低压电器通常是指工作在交流电压小于 1200 V，直流电压小于 1500 V 的电路中起通/断、保护、控制或调节作用的电器设备。

第一节　低压电器的基本知识

低压电器的种类繁多，就其用途或所控制的对象可概括为两大类：

(1) 低压配电电器：这类电器包括刀开关、转换开关、熔断器和断路器。主要用于低压配电系统中，要求在系统发生故障的情况下动作准确、工作可靠。

(2) 低压控制电器：包括接触器、控制继电器、启动器、控制器、主令电器和电磁铁等，主要用于电气传动系统中。要求寿命长、体积小、质量轻、工作可靠。

按低压电器的动作方式可分为：

(1) 自动切换电器：依靠电器本身参数变化或外来信号(如电、磁、光、热等)而自动完成接通、分断或使电机启动、反向及停止等动作。如接触器、继电器等。

(2) 非自动切换电器：依靠人力直接操作的电路。如按钮、刀开关等。

按电器的执行机构可分为：有触点电器和无触点电器。

第二节　低 压 开 关

低压开关主要用作隔离、转换以及接通和分断电路用，有时也可用来控制小容量电动机的启动、停止和正反转。

低压开关一般为非自动切换电器，常用的有刀开关、转换开关和低压断路器等。

一、刀开关

普通刀开关是一种结构最简单且应用最广泛的低压电器。刀开关的种类很多，常用的刀开关有：

(1) 瓷底胶盖闸刀开关：瓷底胶盖刀开关又称开启式负荷开关。图 8-1 为 HK 系列刀开关的结构图，它由刀开关和熔断器组成，均装在瓷底板上。

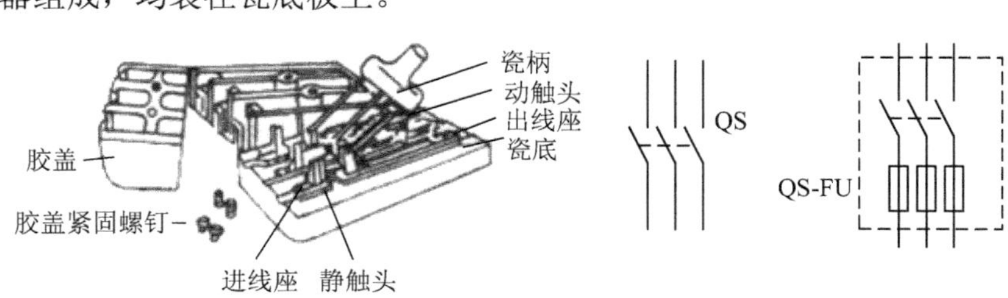

(a) 外形图　　(b) 结构图　　(c) 文字符号

图 8-1　HK 系列瓷底胶盖刀开关

刀开关装在上部，由进线座和静夹座组成。熔断器装在下部，由出线座、熔丝和动触刀组成。动触刀上端装有瓷质手柄便于操作，上下两部用两个胶盖以紧固螺钉固定，将开关零件罩住防止电弧或触及带电体伤人。这种开关不易分断有负载的电路，但由于结构简单、价格便宜，在一般的照明电路和功率小于 5.5 kW 电动机的控制电路中仍可使用。

常用的刀开关有 HK1 系列、HK2 系列，HK1 系列为全国统一设计产品。

(2) 铁壳开关：铁壳开关又称封闭式负荷开关，它是在闸刀开关基础上改进设计的一种开关。

图 8-2 为铁壳开关的结构及外形。在铁壳开关的手柄转轴与底座之间装有一个速断弹簧，用钩子扣在转轴上，当扳动手柄分闸或合闸时，开始阶段 U 形双刀片并不移动，只拉伸了弹簧，储存了能量，当转轴转到一定角度时，弹簧力就使 U 形双刀片快速从夹座拉开或将刀片迅速嵌入夹座，电弧被很快熄灭。铁壳开关上装有机械连锁装置，当箱盖打开时，不能合闸；闸刀合闸后箱盖不能打开。

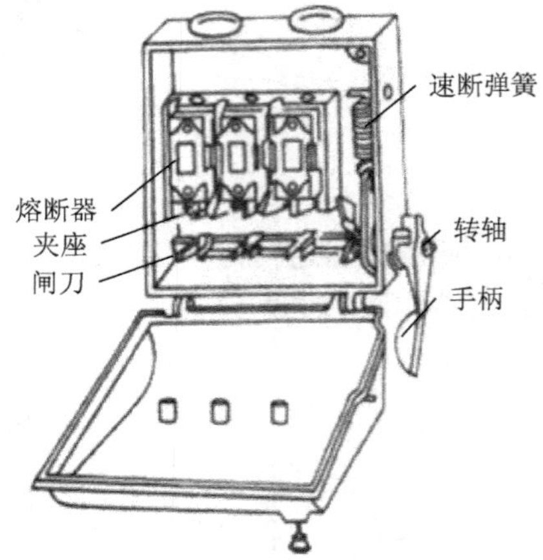

图 8-2　HH 系列铁壳开关

铁壳开关的图形及文字符号与闸刀开关相同，常用的铁壳开关有 HH3、HH4 系列，其中 HH4 系列为全国统一设计产品。

(3) 转换开关：转换开关又称组合开关，实质上是一种特殊的刀开关。它的特点是用动触片的左右旋转来代替闸刀的推合和拉开，结构较为紧凑。

转换开关的结构如图 8-3 所示。三极组合开关共有六个静触头和三个动触片。静触头的一端固定在胶木边框内，另一端伸出盒外，以便和电源及用电器相连接。三个动触片装在绝缘垫板上，并套在方轴上，通过手柄可使方轴作 90° 正反向转动，从而使动触片与静触头保持闭合或分断。在开关的顶部还装有扭簧储能机构，使开关快速闭合或分断。

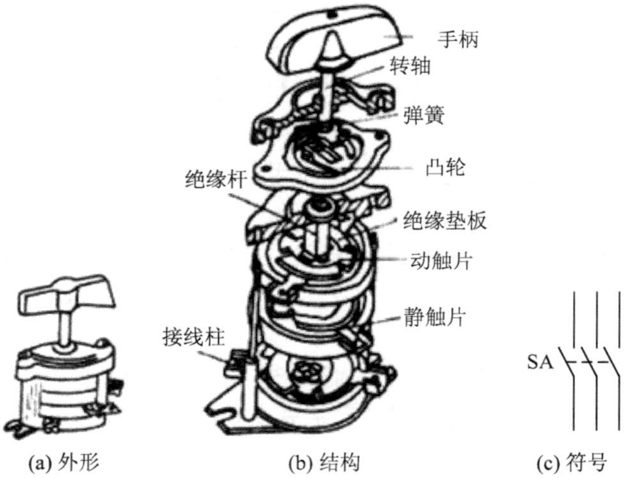

图 8-3　HZ10—10/3 型转换开关

常用的转换开关为 HZ10 系列，是全国统一设计的产品。

二、低压断路器

低压断路器是具有一种或多种保护功能的保护电器，同时又具有开关的功能，故又称自动空气开关。

低压断路器有 DZ5 系列和 DZ10 系列。DZ5 系列为小电流系列，其额定电流为 10～50 A；DZ10 系列为大电流系列，其额定电流等级有 100 A、250 A 和 600 A 三种。

DZ5-20 型低压断路器的外形和结构如图 8-4 所示。操作机构在中间，其两边有热脱扣器和电磁脱扣器；触头系统在下面，除三对主触头外，还有常开及常闭辅助触头各一对，上述全部结构均装在壳内，按钮和触头的接线柱分别伸出壳外。

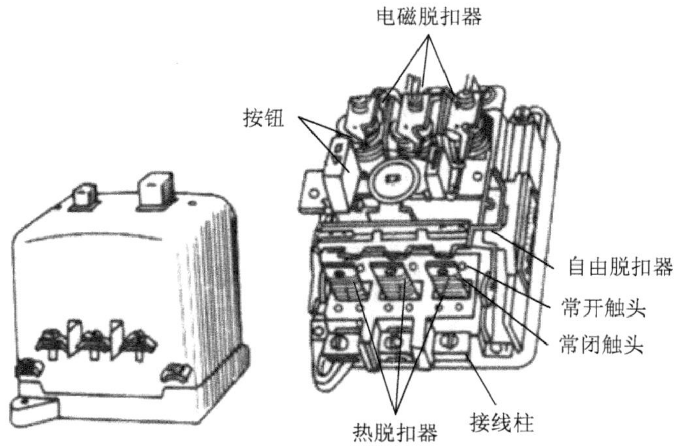

(a) 外形　　(b) 结构

图 8-4　DZ5-20 型低压断路器

低压电路器的动作原理如图 8-5 所示。电磁脱扣器的线圈和热脱扣器的热元件均串联在被保护的三相电路中，欠压脱扣器线圈并联在电路中。按下闭合按钮，搭钩钩住锁链，触头闭合，接通电源。在正常工作时，电磁脱扣器的衔铁不吸合；当电路发生短路时，线圈通过非常大的电流，于是衔铁吸合，顶开搭钩，在弹簧的作用下触头分断，切断了电源。当电动机发生过载时，双金属片受热弯曲，同样可顶开搭钩，切断电源。当电路电压消失或电压下降到某一数值时，欠压脱扣器的吸力消失或减小，在弹簧作用下，顶开搭钩，切断电源。

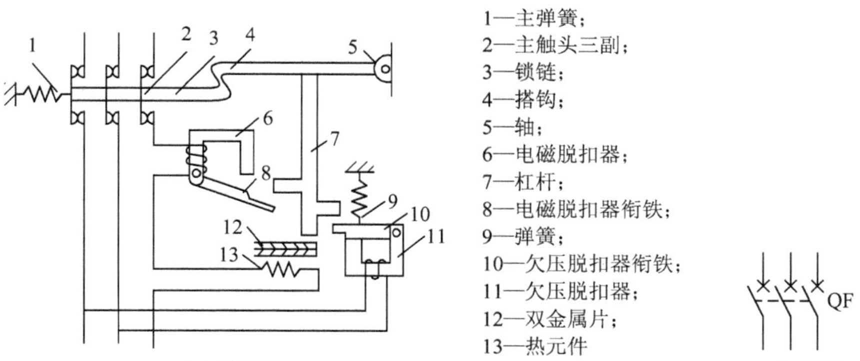

(a) 原理图　　(b) 符号

图 8-5　低压断路器动作原理图及符号

低压断路器可按以下条件选用：

(1) 低压断路器的额定电压和额定电流应不小于电路正常工作电压和电流。

(2) 热脱扣器的整定电流应与所控制的电动机的额定电流或负载的额定电流一致。

(3) 电磁脱扣器的瞬时脱扣整定电流应大于负载电路正常工作时的峰值电流。

第三节　主 令 电 器

主令电器是在自动控制系统中发出指令或信号的操纵电器。

一、按钮

按钮是一种结构简单应用非常广泛的主令电器，一般情况下它不直接控制主电路的通断，而在控制电路中发出手动“指令”去控制接触器、继电器等电路，再由它去控制主电路。按钮的触头允许通过的电流很小，一般不超过 5 A。

按钮按用途和触头的结构不同可分为停止按钮、启动按钮及复合按钮，其结构和符号如图 8-6 所示。

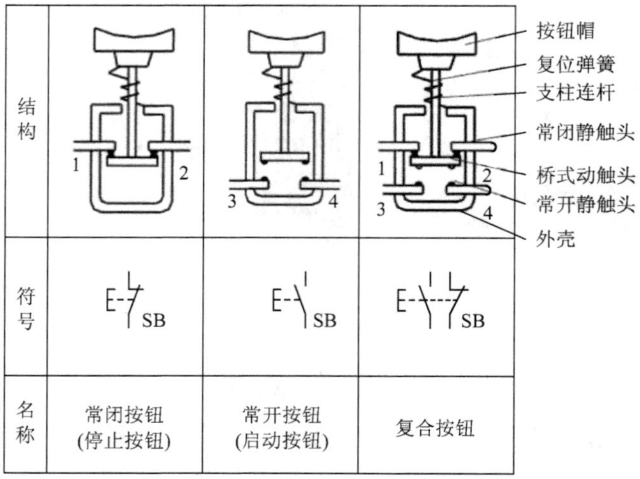

图 8-6　按钮结构、符号

复合按钮的工作原理是：按按钮时，桥式触头先和上面的常闭触头 1～2 分断，然后下面的常开触头 3～4 闭合，电路接通，手松后，靠弹簧自动复位。

目前使用较多的为 LA-18、LA-19、LA-20 三个系列的按钮。

二、位置开关

位置开关又称行程开关或限位开关。它的作用与按钮相同，但其触头的动作不是靠手按，而是利用生产机械中的运动部件的碰撞而动作，来接通或分断某些控制电路。其外形结构及符号如图 8-7 所示。

位置开关的型号有 LX19 系列、JLXK1 系列等。

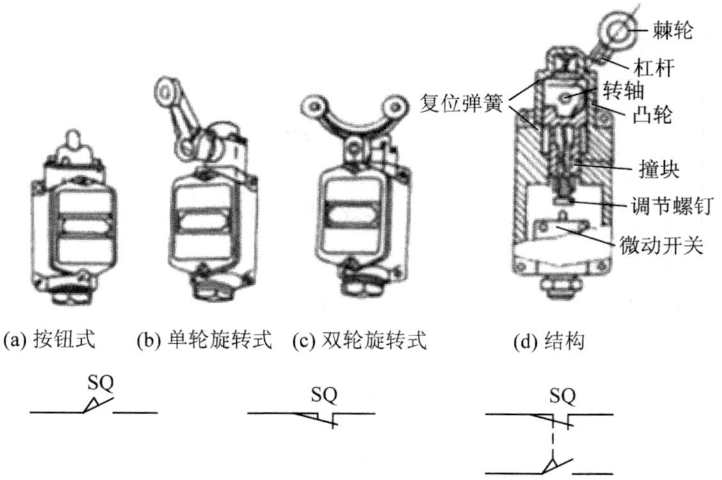

(a) 按钮式　(b) 单轮旋转式　(c) 双轮旋转式　(d) 结构

(e) 图形符号

图 8-7　JLXK1 系列行程开关

第四节　熔　断　器

熔断器在低压配电线路中主要起短路保护作用。熔断器主要由熔体和放置熔体的绝缘管或绝缘底座组成。使用时，熔断器串接在被保护的电路中，当通过熔体的电流达到或超过了某一额定值，熔体自行熔断，切除故障电流，达到保护目的。其种类有：

(1) 瓷插式熔断器：瓷插式熔断器的结构及符号如图 8-8 所示。这是一种最简单的熔断器。常见的为 RC1A 系列。

(2) 螺旋式熔断器：螺旋式熔断器结构如图 8-9 所示。是由熔管及支持件(瓷制底座、带螺纹的瓷帽、瓷套)所组成。熔管内装有熔丝并装满石英砂。同时还有熔体熔断的指示信号装置，熔体熔断后，带色标的指示头弹出，便于发现更换。

目前全国统一设计的螺旋式熔断器有 RL6、RL7、RLS2 等系列。

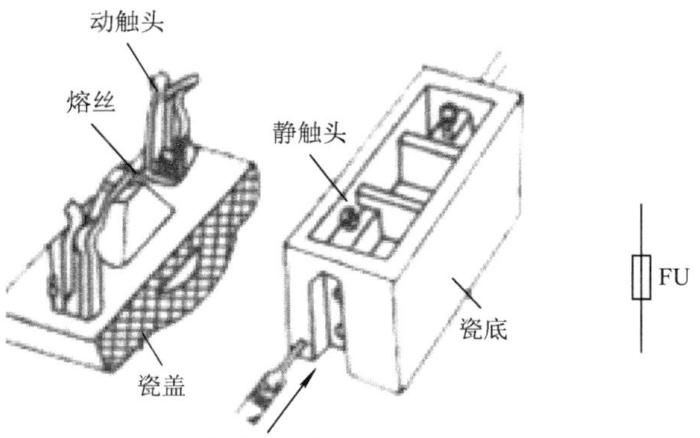

(a) 外形和结构　(b) 符号

图 8-8　RC1A 系列瓷插式熔断器

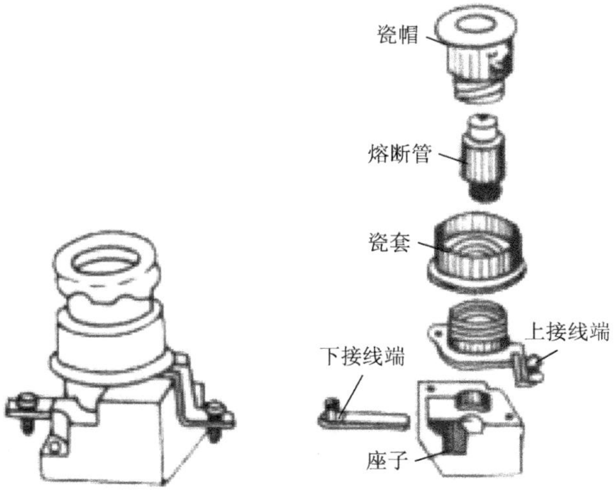

(a) 外形　(b) 结构

图 8-9　RL1 系列螺旋式熔断器

(3) 无填料管式熔断器：无填料封闭管式熔断器的外形与结构如图 8-10 所示，主要由熔断管、熔体、夹头及夹座等部分组成。无填料管式熔断器为 RM10 系列。

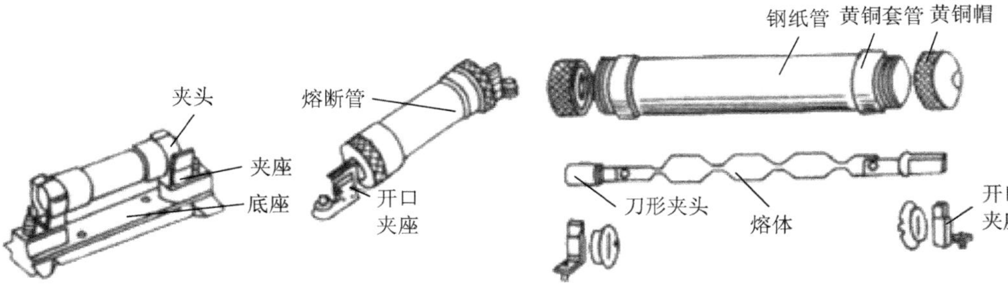

(a) 外形　(b) 结构

图 8-10　RM10 系列无填料封闭管式熔断器

(4) 快速熔断器：快速熔断器是有填料封闭式熔断器，它具有发热时间常数小，熔断时间短，动作迅速等特点。常用的有 RLS、RS0、RS3 等系列。RLS 系列主要用于小容量硅元件及其成套装置的短路保护。

RS0 系列主要用于大容量晶闸管元件的短路和某些不允许过电流电路的保护。

电路中的熔断器，熔体的额定电流可根据以下几种情况选择：

(1) 对电炉、照明等阻性负载电路的短路保护，熔体的额定电流应大于或等于负载额定电流。

(2) 对一台电动机负载的短路保护，熔体的额定电流 I_{KN} 应等于 1.5～2.5 倍电动机额定电流 I_N。

(3) 对多台电动机的短路保护，熔体的额定电流应满足：$I_{KN}=(1.5\sim2.5)I_{N\max}+\sum I_N$。

第五节　接　触　器

接触器是一种自动的电磁式开关，它通过电磁力作用下的吸合和反力弹簧作用下的释放，使触头闭合和分断，导致电路的接通和断开。

一、交流接触器

图 8-11 所示为交流接触器的外形、结构及符号。接触器的主要结构由电磁系统、触头系统、灭弧室及其他部分组成。常用的交流接触器有 CJ0 系列、CJ10 系列、CJ12 系列等。交流电磁铁的铁芯端面上嵌有短路环，用以消除电磁系统的振动和噪声。交流接触器采用的灭弧为栅片灭弧装置。

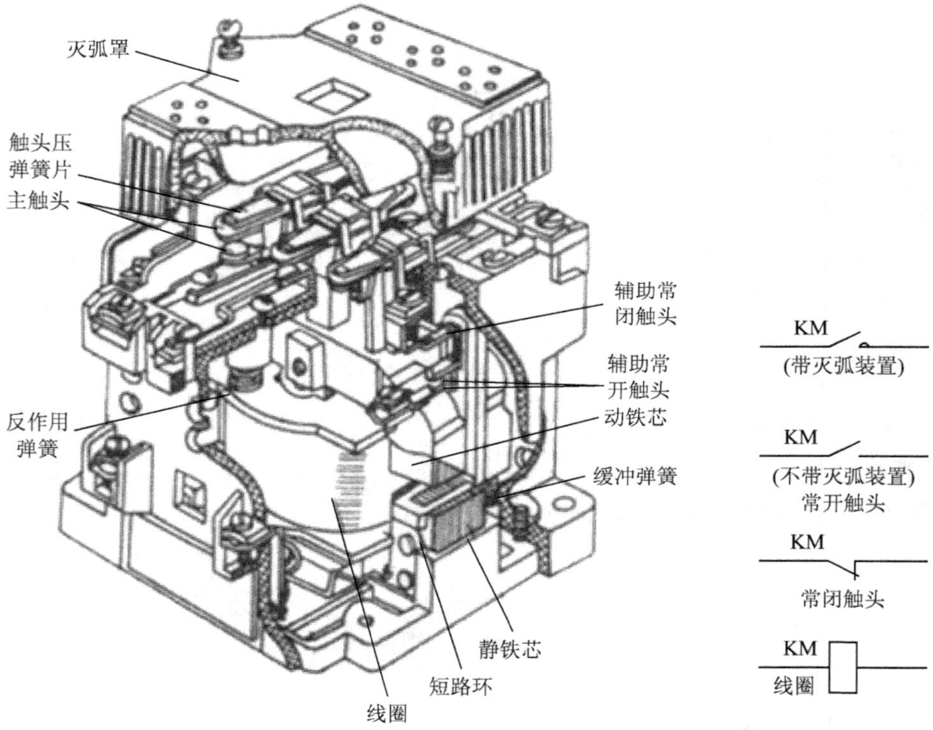

(a) 外形与结构　　(b) 符号

图 8-11　交流接触器的外形、结构及符号

交流接触器启动时，由于铁芯气隙大，磁阻大，所以通过线圈的启动电流往往为工作电流的十几倍，所以衔铁如有卡阻现象将烧坏线圈。交流接触器的线圈电压有 85%～105%额定电压时，能可靠地工作，当线圈电压低、电磁吸力不够、衔铁吸不上，线圈可能烧毁，同时也不能把交流接触器线圈接到直流电源上。

二、直流接触器

直流接触器主要用于远距离接通或分断直流电路。其结构和原理基本上与交流接触器相同，也是由电磁系统、触头系统及灭弧装置三部分组成。

直流接触器的电磁系统中，铁芯是由整块铸钢或铸铁制成。由于铁芯中不会产生涡流，而线圈匝数多，阻值大，所以线圈本身易发热，因此线圈制成长而薄的圆筒形。

三、接触器的选择

(1) 接触器铭牌上的额定电压是指触头的额定电压。选用接触器时，主触头所控制的电压应小于或等于它的额定电压。

(2) 接触器铭牌上的额定电流是指主触头的额定电流。选用时，主触头额定电流应大于电动机的额定电流。

(3) 同一系列、同一容量的接触器，其线圈的额定电压有好几种规格，应使接触器吸引线圈额定电压等于控制回路的电压。

第六节　继　电　器

继电器是根据某种输入物理量的变化，来接通和分断控制电路的电器。

一、热继电器

热继电器是利用电流的热效应而动作的保护电器，一般作为电动机的过载保护，其原理及符号如图 8-12 所示。热继电器由热元件、双金属片、动作机构、触头系统、整定调整装置和温度补偿元件等组成。

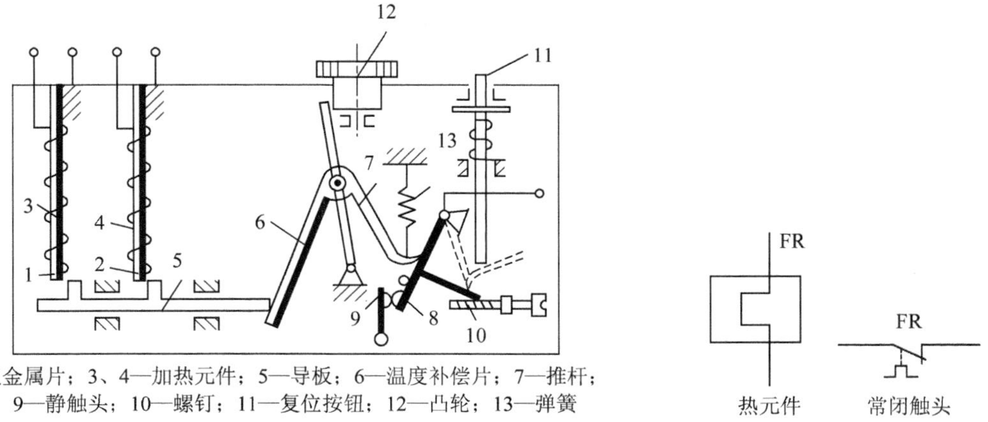

1、2—主双金属片；3、4—加热元件；5—导板；6—温度补偿片；7—推杆；8—动触头；9—静触头；10—螺钉；11—复位按钮；12—凸轮；13—弹簧

(a) 热继电器原理图　　　(b) 符号

图 8-12　热继电器原理和符号

其动作原理是：热元件串联在主电路中，常闭触头串联在控制电路中，当电动机过载电流过大时，双金属片受热弯曲带动其动作机构动作，将触头断开，从而断开主电路，达到对电动机过载保护。

热继电器热元件额定电流的选择一般可取$(0.9\sim1.05)I_N$，对工作环境恶劣、启动频繁的电动机可取$(1.15\sim1.5)I_N$。

二、中间继电器

中间继电器是将一个输入信号变成一个或多个输出信号的继电器，如图 8-13 所示。它的原理与接触器完全相同，所不同的是中间继电器的触头多、容量小(其额定电流一般为 5 A)，并且无主辅触头之分。适用于控制电路中把信号同时传递给几个有关的控制元件。

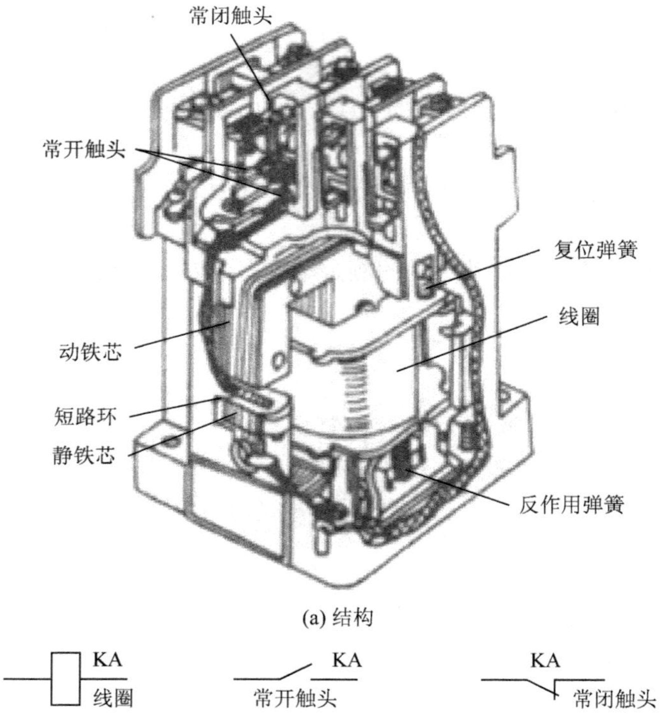

(a) 结构

(b) 符号

图 8-13　JZ7 型中间继电器

三、电流继电器

电流继电器是根据电流值大小动作的继电器。它串联在被测电路中，反映的是被测电路电流的变化。电流继电器的匝数少，导线粗。根据用途可分为过电流继电器和欠电流继电器。

四、电压继电器

电压继电器是根据电压大小动作的继电器，其线圈并联在被测电路中，反映电路中电压的变化。电压继电器根据用途不同可分为过电压继电器和欠电压继电器。

五、时间继电器

时间继电器是在电路中起控制动作时间的继电器。它的种类很多，有电磁式、电动式、空气阻尼式、晶体管式等，常用的为空气阻尼式。

空气阻尼式时间继电器如图 8-14 所示，由电磁系统、工作触头、气室及传动机构等四部分组成。通电延时型时间继电器的性能是：当线圈得电时，通电延时各触头不立即动作而要延长一段时间才动作，断电时其触头瞬时复位。

根据触头延时的特点，可分为通电延时继电器与断电延时继电器两种，其图形及文字符号如图 8-15 所示。

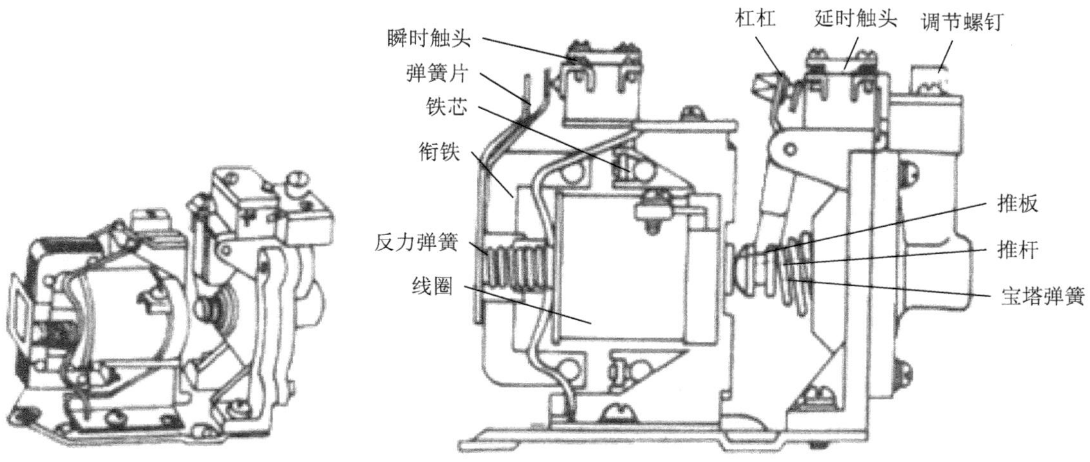

(a) 外形　　(b) 结构

图 8-14　JS7—A 系列时间继电器外形及结构图

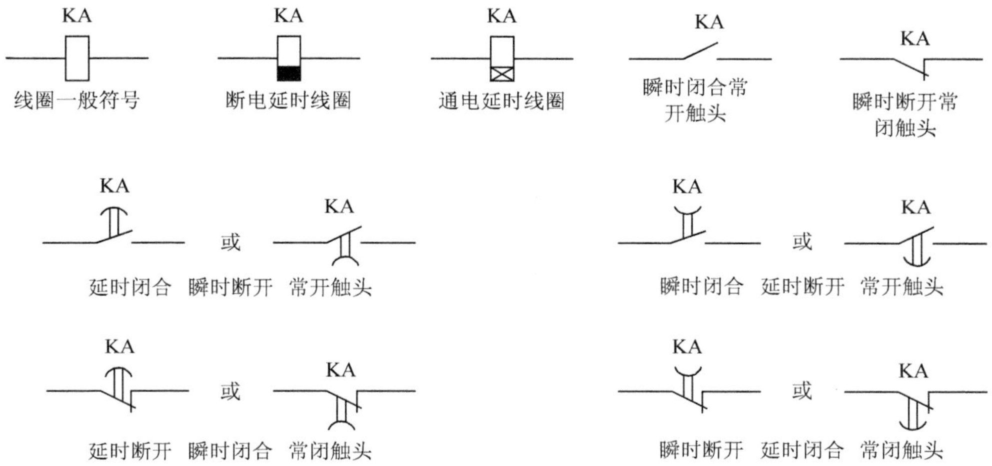

图 8-15　时间继电器符号

六、速度继电器

速度继电器将速度的大小作为信号与接触器配合，实现对电动机的反接制动。常用的速度继电器有 JY1 和 JFZO 型两种。

速度继电器由转子、定子及触点三部分组成，其结构、动作原理及符号如图 8-16 所示。其动作原理是：当电动机旋转时，带动速度继电器的转子转动，在空间产生旋转磁场，这时在定子绕组上产生感应电势及电流。感应电流在永久磁场的作用下产生转矩，使定子随永久磁铁的转动方向旋转并带动杠杆、推动触头、使触头动作。当转速小于一定值时反力弹簧通过杠杆返回原位。

七、压力继电器

压力继电器是利用被控介质(如压力轴)在波纹管或橡皮膜上产生的压力与弹簧的反作用力平衡。当被控介质的压力升高时，波纹管或橡皮膜压迫反力弹簧而使顶杆移动，拨动微动开关，使触头状态改变，以反映介质中压力达到了对应的数值，其结构如图 8-17 所示。

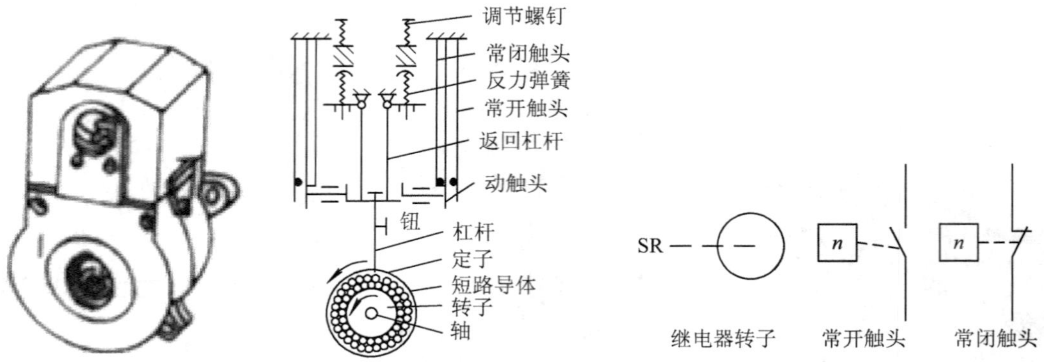

(a) 结构图　(b) 动作原理图　(c) 符号

图 8-16　JFZO 型速度继电器的结构、动作原理及符号图

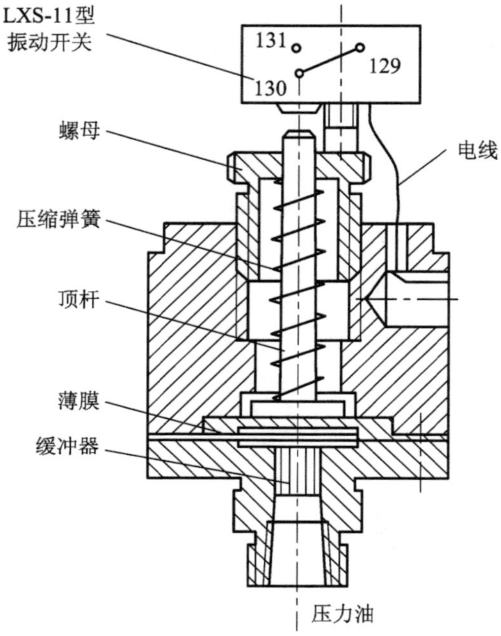

图 8-17　压力继电器

第七节　电磁铁及电磁离合器

一、电磁铁的特性

直流电磁铁吸力的特点是：电磁吸力与气隙大小的平方成正比，气隙越大，电磁吸力越小。

交流电磁铁吸力的特点是：当外施电压一定时，铁芯中磁通的幅值基本上是一个恒值，这样电磁吸力 F_s 将不变。但是在电压一定时，励磁电流不仅决定线圈的电阻，更主要是决定线圈电抗，而且与工作气隙值的大小有关。

二、牵引电磁铁

牵引电磁铁主要用于自动控制设备中，牵引或推斥其他机械装置，以达到自控或摇控的目的。

图 8-18 为 MQ1 系列牵引电磁铁的外形，其原理为：线圈通电后，衔铁吸合，经过推杆(或拉杆)来驱动被操作机构。

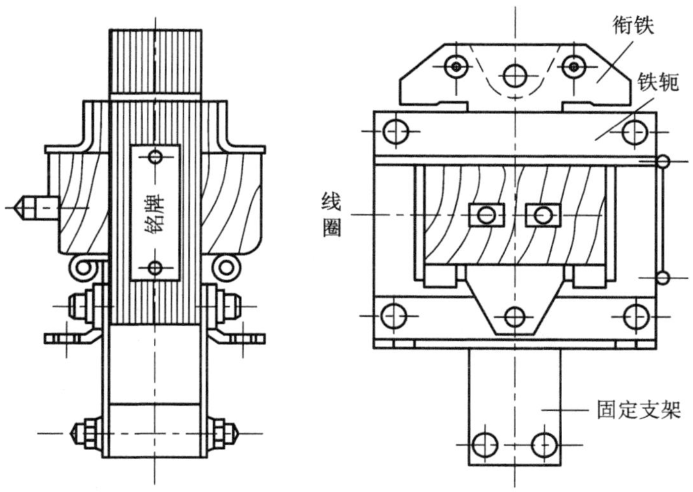

图 8-18　MQ1 电磁铁外形

三、阀用电磁铁

阀用电磁铁主要用于金属切削机床中，远距离操作各种液压阀、气动阀，以实现自动控制。

阀用电磁铁的动作原理是：在不通电时，衔铁被阀体推杆推动到额定行程，而线圈通电时，电磁力使阀杆移动，控制阀门的开闭。其结构如图 8-19 所示。

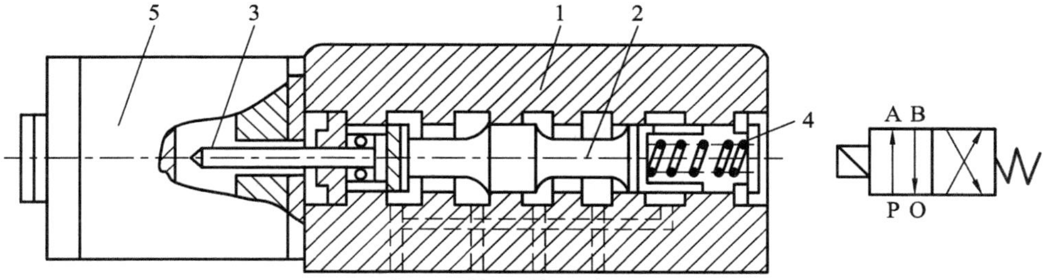

1—阀体；2—阀芯；3—推杆；4—弹簧；5—电磁铁

图 8-19　阀用电磁铁

四、制动电磁铁

制动电磁铁是操纵制动器作机械制动用的电磁铁，通常与闸瓦制动器配合使用，在电气传动装置中作电动机的机械制动，以达到准确和迅速停车的目的。现以短行程电磁铁为例说明其工作情况。

短行程电磁铁如图 8-20 所示，其工作原理为：线圈通电后，衔铁绕轴旋转而吸合，衔铁克服弹簧拉力，迫使制动杠杆向左右移动，使闸瓦与闸轮脱离松开。当线圈断电后，衔铁释放，在弹簧的拉力作用下，使制动杆同时向里移动，带动闸瓦与闸轮紧紧抱住，完成刹车制动。

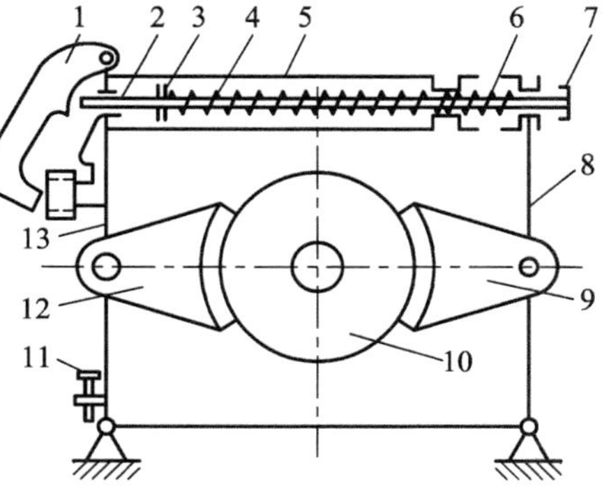

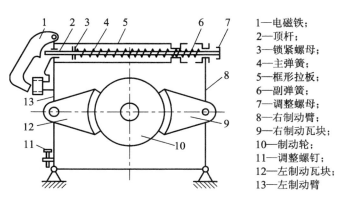

1—电磁铁；
2—顶杆；
3—锁紧螺母；
4—主弹簧；
5—框形拉板；
6—副弹簧；
7—调整螺母；
8—右制动臂；
9—右制动瓦块；
10—制动轮；
11—调整螺钉；
12—左制动瓦块；
13—左制动臂

图 8-20　短行程电磁瓦块式制动器工作原理图

五、电磁离合器

电磁离合器的结构如图 8-21 所示，其原理为：线圈带电时，动静铁芯立即吸合，与动铁芯固定在一起的静摩擦片与动摩擦片分开，于是动摩擦片连同绳轮在电动机的带动下正常启动运转。当线圈断电时，制动弹簧立即使动、静摩擦片之间产生足够大的摩擦力，使电动机断电后立即制动。

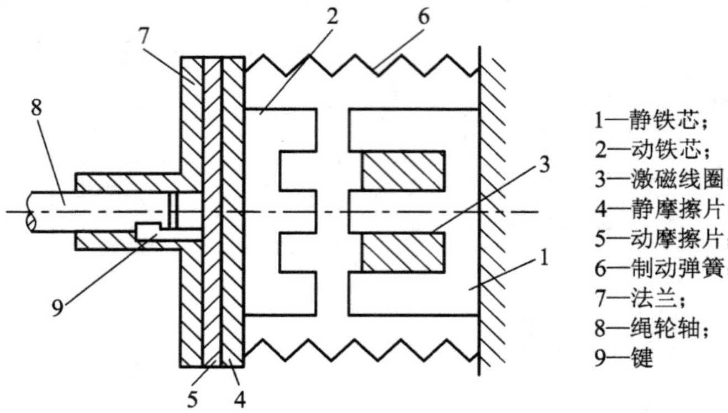

图 8-21　断电制动式电磁离合器结构示意图

第八节　电阻器及频敏变阻器

一、电阻器

电阻器是具有一定电阻值的电器元件，电流通过它时，在它上面将产生电压降。利用电阻器这一特性，可以控制电动机的启动、制动及调速。电阻器也可以作为保护电器使用，有泄放、限流等用途。

电阻器是利用不同的电阻材料，采用冲压、浇铸和绕制等方法制成各种形状的电阻元件，然后再组装而成。也有直接制成成品的，如管形电阻。相关技术数据可查《电工手册》。

敞开式电阻器应安装在室内，并加以遮挡，防止工作人员不慎触及电阻器的带电部分。

二、频敏变阻器

频敏变阻器的特点是其阻值随频率的变化而变化。频敏变阻器的用途与电阻器的用途相同，用于控制异步电动机的启动、制动等。

第九章　常用电力拖动与机床电路

电力拖动是电动机拖动生产机械运转的统称。电力拖动系统通常由电动机、控制电器、保护电器与生产机械及传动装置组成。电动机在按照生产机械的要求运转时，需要一定的电气装置组成控制电路。生产机械的动作各有不同，所要求的控制电路也不一样，但各种控制电路总是由一些基本控制环节组成的。常用的基本控制环节有全压起动控制电路、降压起动控制电路、制动电路和调速电路等几种。本章将分析这些电路，并在此基础上分析典型生产机械和机床控制电路的基本结构、工作原理和安装维修等知识。

本章所讨论的主电路、控制电路和保护电路，是按照电气原理图的要求绘制的。其中的电气元件按照它在电路中的不同作用，同一元件的不同部分可能画在不同的位置，但同一元件用国家标准规定的同一文字符号表示，在控制电路中，为了区分同一元件不同部分的不同功能，在相同文字符号下，又用不同的数字序号予以区别。

第一节　电动机全压起动控制电路

将电源电压全部加在电动机绕组上进行的起动叫全压起动，也叫直接起动。笼型异步电动机的全压起动中，起动电流是额定电流的 4～7 倍，对容量较大的电动机，势必导致电网电压的严重下跌，不仅使电动机起动困难、寿命缩短，而且影响其他用电设备的正常运行。所以电动机能进行全压起动的条件是电动机容量比电力变压器容量小得多。如果变压器为一个单位专用，允许电动机直接起动的容量可达变压器容量的 30%。如果变压器为某一台电动机专用，允许电动机直接起动的容量为变压器容量的 70%。如果电动机频繁起动或变压器拖有照明负载时，则允许直接起动的电动机容量应小于变压器容量的 70%。

本节将分析电动机全压起动控制中的单向运转、可逆运转和行程控制等几种形式的电路结构和工作原理。

一、电动机单向运转控制电路

(一) 手动控制电路

1. *刀开关控制电路*

在对控制条件要求不高的场合，小容量电动机可以用胶盖闸刀、铁壳开关等简单控制装置直接起动。这时，起动电路只有主电路，如图 9-1 所示，其中的电流流向为：三相电源→刀开关→熔断器→电动机。电路中的熔断器用于主电路的短路保护。

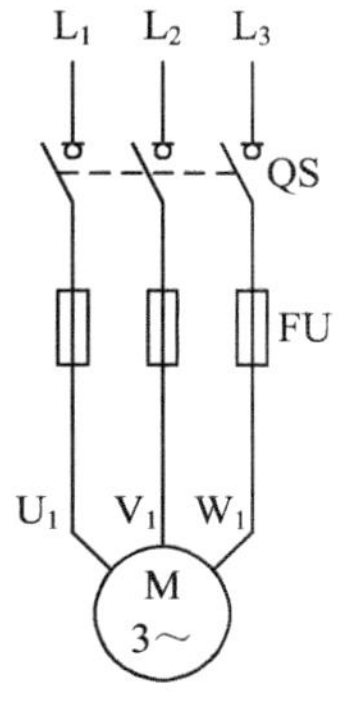

图 9-1　刀开关直接起动电路

2. *转换开关控制电路*

转换开关控制电路与刀开关控制电路相似，转换开关电流容量更小，常用于小型台钻、砂轮机、机床的主轴电动机和冷却泵电动机的全压起动控制。

(二) 点动控制电路

点动控制电路是用最简单的二次电路控制主电路，完成电动机的全压起动，其电路结构如图 9-2 所示。三相电源经过隔离开关、主电路熔断器 FU_1，交流接触器(以下简称接触器)主触点 KM 到电动机 M 构成主电路，二次电路熔断器 FU_2、动合(常开)按钮 SB 和接触器线圈 KM 组成二次电路。二次电路除具有控制功能外，有的还具有保护和信号指示功能。在本章所述的二次电路中，由于它们结构比较简单，多数只具有控制功能，所以把二次电路直接称为控制电路。

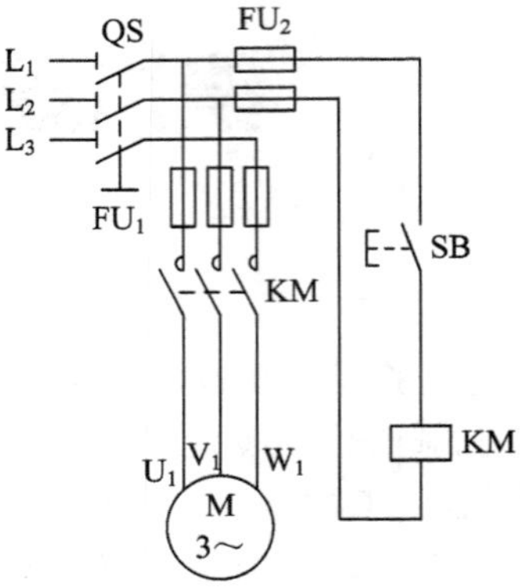

图 9-2　点动控制电路

该点动控制电路动作原理如下：

(1) 起动：按下动合按钮 SB→控制电路通电→接触器线圈 KM 通电→接触器动合主触点闭合→主电路接通→电动机 M 通电起动。

(2) 停止：放开动合按钮 SB→控制电路分断→接触器线圈 KM 断电→接触器动合主触点 KM 分断→主电路分断→电动机 M 断电停转。

(三) 具有自锁功能的单向运转控制电路

对需要较长时间运行的电动机，用点动控制是不方便的。因为一旦放开按钮 SB，电动机立即停转。因此对于连续运行的电动机，可在点动控制的基础上，保持主电路不变，在控制电路中串联动断(常闭)按钮 SB_1，并在起动按钮 SB_2 上并联一副接触器动合辅助触点 KM(3—4)，使之成为有自锁功能的电动机单向运转控制电路，如图 9-3 所示。

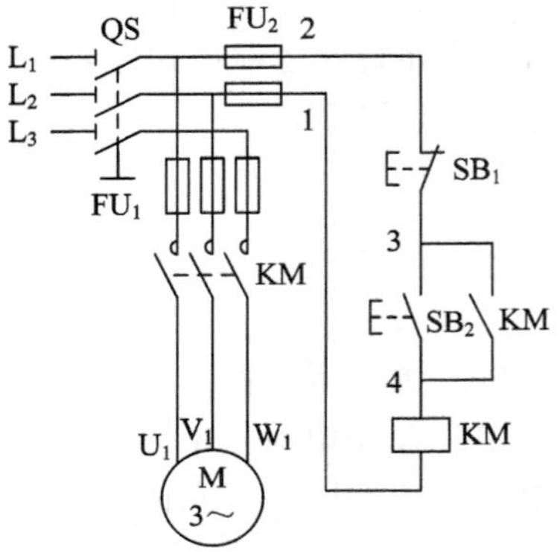

图 9-3　具有自锁的单向运转控制电路

从图 9-3 中可见，主电路与点动控制电路相同。在控制电路中，起动按钮 SB_2 是分断的，只要 SB_2 或与之并联的接触器动合辅助触点 KM(3—4)任意一处接通，控制电路即可通电，使接触器线圈通电动作。所以该电路工作原理可归纳为：

(1) 起动：按下起动按钮 SB_2→控制电路(3—4)闭合→接触器线圈 KM(4—1)通电→接触器动合辅助触点 KM(3—4)闭合自锁(SB_2 释放后 KM(4—1)仍然通电)→接触器动合主触点闭合→电动机 M 通电持续运转。

(2) 停止：按下动断按钮 SB_1→控制电路分断→接触器线圈 KM(4—1)

断电 → 接触器自锁触点KM(3—4)分断 / 接触器主触点分断 → 主电路分断 → 电动机 M 停转

图 9-3 中，接触器动合辅助触点 KM(3—4)在起动按钮 SB_2 松开后，仍能保持闭合通电，这种功能叫做自锁或自保。这种具有自锁功能的控制电路叫自锁电路。接触器中起自锁作用的触点(如 KM(3—4))叫做自锁触点。

电动机的这种单向运转控制电路还具有欠压和失压保护作用。电路欠压(电压严重低于额定值)将使电动机电流增大，温升过高，发高热甚至烧毁。所以欠压保护也是电动机的安全运行措施之一。所谓欠压保护，是指电源电压下降到超过允许值时，控制电路动作，分断主电路，对电动机实行保护。在具有自锁功能的电动机单向运转控制电路中，当电源电压低于电动机额定电压的 85%时，接触器线圈电流减小，磁场减弱，电磁力不足，动铁芯在反作用弹簧推动下释放，分断主电路，从而对电动机起欠压保护作用。电动机在运行中，如遇线路故障或突然停电，控制电路失去电压，接触器线圈断电，电磁力消失，动铁芯复位，将接触器动合主触点、辅助触点全部分断。即使线路重新来电，电动机也不会起动，必须重按起动按钮，才能使电动机恢复工作。这种失去电压时，控制电路动作，分断主电路而对电动机所起的保护作用叫失压保护。

(四) 电动机过载保护电路

除线路欠压以外，电动机在运行中如果负载过重，频繁起动或频繁正、反转，电源缺相，都将使通过电动机绕组的电流增大而使其过热，导致绝缘老化甚至烧毁电动机。所以电动机仅有欠压、失压和熔断器的短路保护是不够的，在使用中还需要加接专门的过载保护(又名热保护)装置。在众多过载保护装置中，应用最广泛的是热继电器，装有热继电器的保护电路如图 9-4 所示。

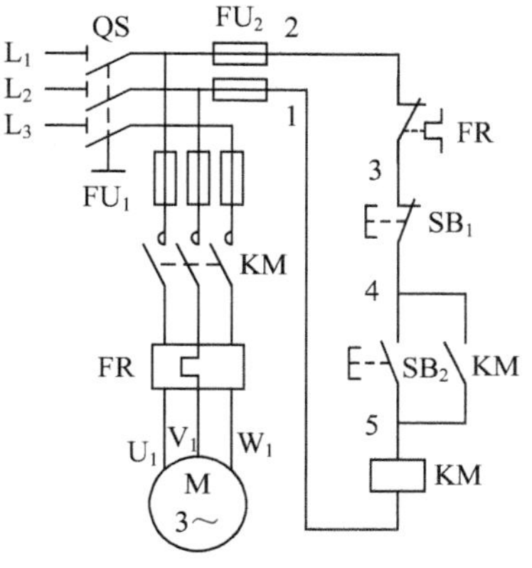

图 9-4　有过载保护的单向运转控制电路

图 9-4 中，热继电器的热元件 FR 串联在主电路中，它的动断触点 FR(2—3)串联在控制电路中。电动机运行过程中，由于过载或其他原因使线路供电电流超过允许值时，热元件因通过大电流而温度升高，烘烤双金属片使其弯曲，将串联在控制电路中的动断触点 FR(2—3)分断，使控制电路分断，接触器线圈断电，释放主触点，切断主电路，使电动机断电停转，从而起到过载保护作用。

二、电动机可逆运转控制电路

在生产实际中，有的生产机械需要两个方向的转动，这就要求电动机应具有正、反转功能。如建筑工地的卷扬机需要上、下起吊重物，电动葫芦行车前进或后退等。在“电工技术基础”的学习中，已经知道三相异步电动机通电后，在定子绕组中将产生旋转磁场，旋转磁场与转子笼型绕组之间的相对运动在转子绕组上感应出电流，这个感应电流受旋转磁场力的作用产生电磁转矩，使转子沿着旋转磁场方向以比旋转磁场低 2%～6%的异步转速转动。在理论上还可证明，如果电动机绕组换接三根电源相线之间的任意两根(改变电源相序)，旋转磁场方向将与原方向相反，它所拖动的转子转向也相反，这就可实现电动机的反转。下面介绍的电动机可逆运转控制就是利用控制电路的切换功能，改变电动机输入的电源相序，以实现电动机的正、反向运转。

(一) 倒、顺开关可逆控制电路

倒、顺开关又叫可逆转换开关，属于低压电器转换开关中的一类。常用 HZ3 系列倒顺开关的结构和电气原理如图 9-5 所示。它有 6 片动触点，共分为两组：第一组由 I_1、I_2 和 I_3 组成；第二组由 II_1、II_2 和 II_3 组成，其中 I_1、I_2、I_3 和 II_1 为同一种形状，II_2 和 II_3 又是另一种形状。与动触点相对应的静触点也有 6 个，其中 L_1、L_2、L_3 分别接三相电源相线，U_1、V_1、W_1 分别接电动机三相绕组。

如需电动机正向运转，可将操作手柄置于“顺”位置，手柄将带动转轴和动触点一起转动，动触点分别接通三对静触点①、②，③、④，⑤、⑥，即将主电路 L_1U_1，L_2V_1，L_3W_1 接通，此时电源向电动机输入电流的相序为 $L_1 \rightarrow L_2 \rightarrow L_3$，电动机作正向运转。

如将倒、顺开关手柄置于“停”位置，动触头 I_1、I_2、I_3 旋至空挡，与静触点分离，分断主电路，电动机停转。

如将倒、顺开关置于“倒”位置，操作手柄带动转轴和动触点一起转动，第二组动触点 II_1、II_2 和 II_3 分别接通静触点①、②，③、⑤，④、⑥，使输入电动机三相电流的相序改为 $L_1 \rightarrow L_3 \rightarrow L_2$，实现了电动机反向运转。

值得注意的是，使用这类倒、顺开关时，从正转到反转不能直接切换，中间必须先经过“停”位置，待电动机停转后，再切换到另一位置。否则将产生强大的切换电流危及倒、顺开关和电动机的安全。

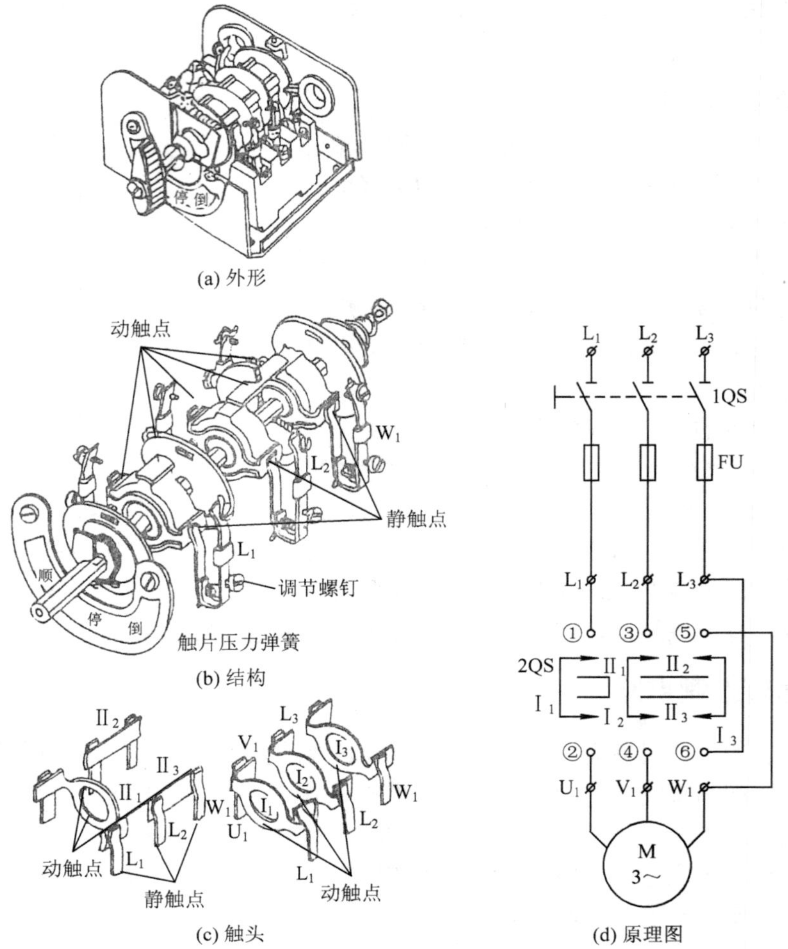

图 9-5　HZ3-132 型倒顺开关

(二) 辅助触点作连锁的可逆控制电路

这里的辅助触点是指接触器的动断辅助触点，用它作连锁的可逆控制电路如图 9-6 所示。它的可逆起动装置由两个同型号、同规格、同容量的接触器 KM_1 和 KM_2 组成。在控制电路中控制按钮有两个起动按钮 SB_2、SB_3 和一个停止按钮 SB_1(其中 SB_2、SB_3 用不同颜色区别正、反转)。

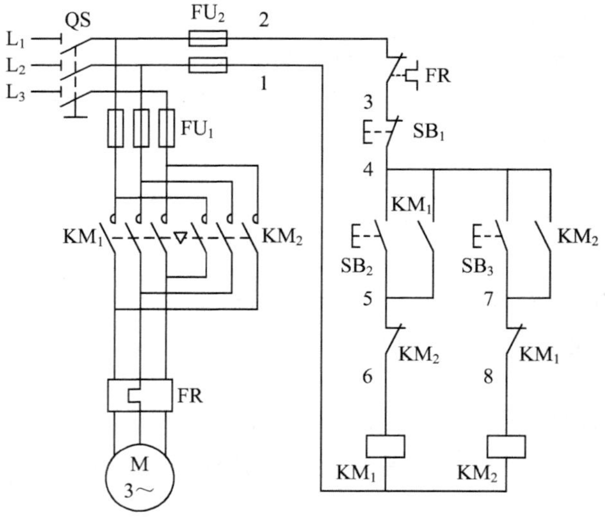

图 9-6　辅助触点作连锁可逆控制电路

主电路中，电流的流向是：三相电源经隔离开关 QS、主电路熔断器 FU_1、接触器主触点 KM_1、KM_2 和热继电器热元件 FR 至电动机 M。

控制电路的电流流向为

L_1 → FU_2(上) → FR(2—3) → SB_1(3—4) →
- → SB_2和KM_1(4—5) → KM_2(5—6) → KM_1(6—1) →
- → SB_3和KM_2(4—7) → KM_1(7—8) → KM_2(8—1) →

→ FU_2(下) → L_2

由图 9-6 可见，起动按钮 SB_2 控制接触器 KM_1 使电动机正向运转，图中的 4 个 KM_1 分别是正转接触器电磁线圈 KM_1(6—1)、自锁动合辅助触点 KM_1(4—5)、电气连锁动断辅助触点 KM_1(7—8)及主触点 KM_1。起动按钮 SB_3 控制接触器 KM_2 使电动机反向运转，图中的 4 个 KM_2 分别是反转接触器电磁线圈 KM_2(8—1)、自锁动合辅助触点 KM_2(4—7)、电气连锁动断辅助触点 KM_2(5—6)及主触点 KM_2。字母后面括号中的数字序号(2—3)、(3—4)……用于区别同一电气元件不同部分在图中的不同位置及不同功能(下同)。

为了避免正转和反转两个接触器同时动作造成相间短路，在两个接触器线圈所在的控制电路上加了电气连锁，即把正转接触器的动断辅助触点 KM_1(7—8)与反转接触器线圈串联；又将反转接触器的动断辅助触点 KM_2(5—6)与正转接触器线圈串联，使正、反转两个动作的控制电路互相配合、互相制约，共同起保护作用。它们的连锁及保护原理如下所述。

若需电动机正转，按下起动按钮 SB_2，使正转接触器 KM_1 线圈通电，它的动合主触点 KM_1 和动合辅助触点 KM_1(4—5)闭合，电动机正转，并由 KM_1(4—5)自锁保持连续转动，同时动断辅助触点 KM_1(7—8)分断，切断反转控制电路。这就防止了在电动机正转时，误按反转起动按钮 SB_3 而造成短路。如果要电动机反转，必须先按停止按钮 SB_1，使正转接触器 KM_1 断电，起连锁作用的动断辅助触点 KM_1(7—8)退回闭合位置，只留反转二次电路 SB_3 一个断点，这时再按反转起动按钮 SB_3，使反转接触器各动合触点闭合，分别接通主电路和控制电路，电动机反转。其中动合辅助触点 KM_2(4—7)起自锁作用。动断辅助触点 KM_2(5—6)断开，分断了正转控制电路，起电气连锁作用。这种接法保证了只有在一个接触器释放后，另一个接触器才能通电动作。接触器辅助触点的这种互相制约的连接关系叫连锁或互锁。

(三) 按钮作连锁的可逆控制电路

在电动机可逆控制电路中，除用接触器辅助触点作电气连锁外，用复合按钮亦可实现电气连锁，其电路结构如图 9-7 所示。主电路电流流向与接触器辅助触点作连锁的可逆控制电路相同，其控制电路的电流流向为

L_1 → FU_2(上) → FR(2—3) → SB_1(3—4) →
- → SB_2(动合)并联KM_1(4—5) → SB_3(动断)
- → SB_3(动合)并联KM_2(4—7) → SB_2(动断)

(5—6) → KM_1(6—1) →
(7—8) → KM_2(8—1) →
→ FU_2(下) → L_2

该电路要求两个接触器 KM_1、KM_2 和两个复合起动按钮 SB_2、SB_3 的型号、规格一致，但两个按钮的颜色不同，以便区别正转按钮和反转按钮。复合按钮 SB_2、SB_3 的触点部分均由一副动合触点和一副动断触点组成，它们的动合触点和动断触点分别与接触器电磁线圈 KM_1 和 KM_2 串联，其中 SB_2 的动合触点(4—5)与 KM_1(6—1)串联，作起动按钮用；SB_2 的动断触点(7—8)与 KM_2(8—1)串联，起连锁作用。若需电动机正向运转，按下 SB_2，使正转接触器通电动作，电动机 M 起动正转，辅助触点 KM_1(4—5)闭合自锁。同时 SB_2 动断触点(7—8)断开，分断反转控制电路而起连锁作用。放开 SB_2 后，由于 KM_1(4—5)吸合自锁，使电动机继续保持正转。

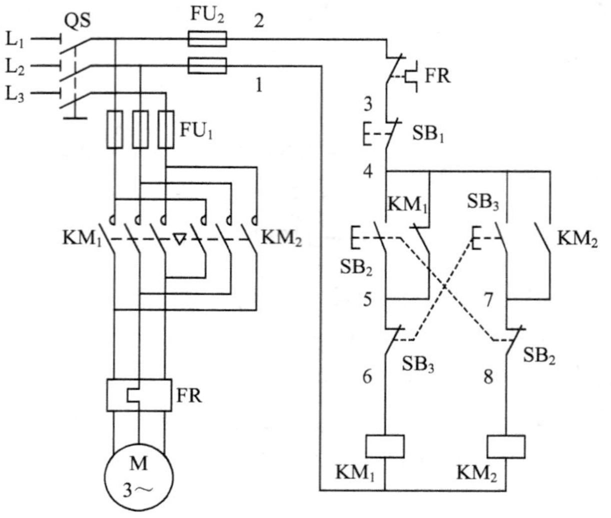

图 9-7　按钮作连锁可逆控制电路

在操作上，这种电路与用辅助触点作连锁控制电路的区别是，从正转切换到反转过程中，不需要经过停止位置，可以直接切换。因按动 SB_3 时，它的动断触点首先断开，自动分断正转电路，使 KM_1 线圈断电释放(SB_2(7—8)复位闭合，为反转作好准备)，电动机正转停止，SB_3 经过一定行程，动合触点才接通反转接触器 KM_2 的控制电路，KM_2 动作，电动机反转。放开 SB_3 后，由于 KM_2(4—7)的自锁作用，电动机维持反转。这里复合按钮的电气连锁作用能自动保证一个接触器断电释放后，另一个接触器才能通电动作，可以避免因操作失误造成相间短路。

这种电路如果要使电动机停转，只需按下停止按钮 SB_1，分断控制电路即可。无论是正转、反转或停止，操作都很方便。

(四) 按钮和辅助触点复合连锁的可逆控制电路

用按钮和辅助触点作复合连锁的电路如图 9-8 所示。它的主电路结构与用辅助触点作连锁的可逆控制电路相同。它的控制电路，除了用复合按钮的动断触点作电气连锁外，又加了用接触器辅助触点作电气连锁，这两种连锁电路串联，组成复合连锁，使电路更加安全，运行更加可靠，操作又同样方便，在生产上用得相当广泛。

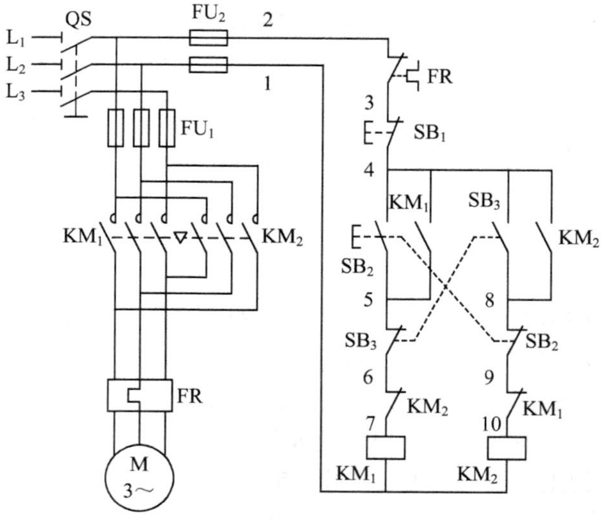

图 9-8　按钮和辅助触点作复合连锁的可逆控制电路

这种电路包括了用接触器辅助触点作连锁和按钮作连锁这两种可逆控制电路的工作原理。在前面已经分别叙述，读者可以自行综合分析。

(五) 生产机械行程控制电路

生产过程中，往往需要对某些生产机械运动的路程进行限制，当生产机械运动到需要停止的位置时，电路应能自动断电，使其停止。如需要生产机械作往复运动时，应由电路实现正转限位动作，分断正转电路后，立即接通反转电路，令其反向运行。电工技术上，这种对生产机械的限位和往复运动的控制，多用行程开关发放信号指令来实现。

用行程开关控制电动机使生产机械往复运动的电路如图 9-9 所示，其主电路结构与接触器辅助触点作连锁的可逆控制主电路相同。在控制电路中，设置了既具有动合触点又具有动断触点的行程开关 SQ_1 和 SQ_2，它们的型号、规格、结构完全相同。

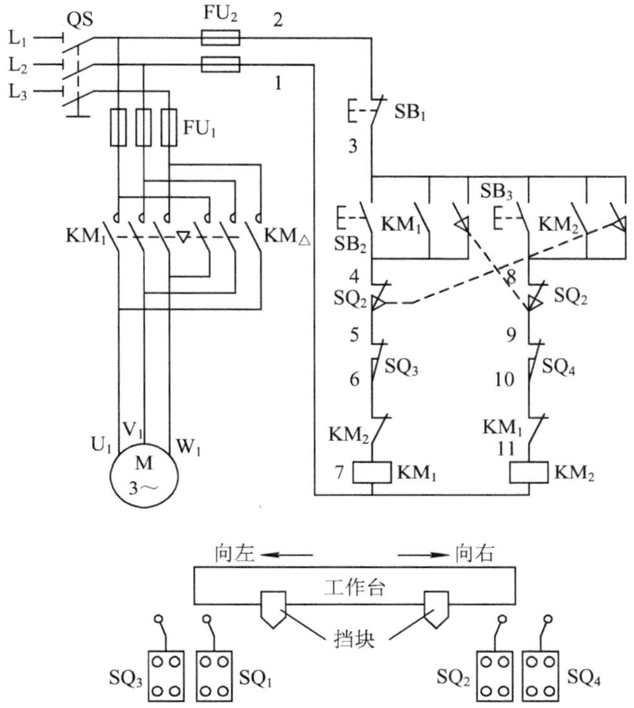

图 9-9　电动机自动往返控制电路

这种电路的动作原理如下：按下起动按钮 SB_2，正转接触器 KM_1 通电动作，电动机正向旋转，带动生产机械向正方向(如图中左方)运行，到达预定位置时，生产机械上的撞块碰触行程开关 SQ_1 的滚轮，使 SQ_1 动作，动断触点 SQ_1(4—5)打开，分断正转控制电路，电动机停转使生产机械停止向前行驶。与此同时，SQ_1 的动合触点 SQ_1(3—8)闭合，接通电动机反转控制电路，电动机反向旋转，拖动生产机械作反向行驶，到达反向预定位置时，生产机械撞块碰触行程开关 SQ_2 的滚轮，使其动作，动断触点 SQ_2(8—9)打开，分断电动机反转控制电路，使生产机械停止反向行驶。与此同时，SQ_2(3—4)动合触点闭合，接通电动机正转控制电路，电动机恢复正转，生产机械再次正向行驶。图中接触器辅助动合触头 KM_1(3—4)、KM_2(3—8)的作用是在行程开关被碰触并动作完成后，生产机械离开行程开关，行程开关内部动、静触点复位后起自锁作用，维持生产机械在规定行程内的连续行驶。

图中的 SQ_3、SQ_4 位于行程开关 SQ_1，SQ_2 外侧，在整个控制电路正常时，它们不起作用，一旦行程开关 SQ_1 或 SQ_2 发生故障，失去限位功能时，它们将取代已坏行程开关，限制生产机械行程，保证该控制电路的正常运行，SQ_3、SQ_4 与 SQ_1，SQ_2 型号、规格、结构相同，SQ_3、SQ_4 同时具有限位、保护和备用三个功能，如果 SQ_1 或 SQ_2 失灵或损坏，生产机械到位后继续越位行驶，将造成严重后果。

第二节　电动机降压起动控制电路

容量较大的电动机起动时，为了不造成电网电压的大幅度降落，从而导致电动机起动困难或不能起动，也不影响电网内其他用电设备的正常供电，在生产技术上，多采用降压起动。所谓降压起动是将电网电压适当降低后加到电动机定子绕组上进行起动，待电动机起动后，再将绕组电压恢复到额定值。

降压起动的目的是减小电动机起动电流，从而减小电网供电的负荷。由于起动电流的减小，必然导致电动机起动转矩下降，因此凡采用降压起动措施的电动机，只适合空载或轻载起动。在实际中，广泛应用的降压起动措施是星—三角降压起动。

星—三角降压起动也可用 Y—△符号表示，这种降压起动方式只适用于正常运行时定子绕组连接成三角形的电动机。起动时将绕组连接成星形，使每相绕组电压降至原电压的 $1/\sqrt{3}$，起动结束后再将绕组切换成三角形连接，使三相绕组在额定电压下运行。它的优点是起动设备成本低，使用方法简便，但起动转矩只有额定转矩的 1/3。

一、手动控制 Y—△降压起动电路

手动控制 Y—△降压起动电路结构简单，操作也方便。它不用二次电路，直接用手动方式拨动手柄，切换主电路而达到降压起动目的。常用手动 Y—△起动器如图 9-10 所示。

图中 L_1、L_2、L_3 分别接三相电源相线，U_1、V_1、W_1 与 U_2、V_2、W_2 分别接电动机三相绕组对应的首尾端。这种手动控制 Y—△起动器的触点系统共有 8 副动合触点。当操作手柄置于“0”位置时，8 副动合触点全部分断，电动机绕组不通电，处于停止状态。当操作手柄置于“Y”位置时，触头 1、2、5、6、8 闭合，3、4、7 分断，其结果是触点 1 闭合，使 U_1 接 L_1；2 闭合，使 W_1 接 L_3；8 闭合，使 V_1 接 L_2；5、6 闭合，使 U_2、V_2、W_2 接在一点，电动机定子绕组接成 Y 形，实现降压起动。当转速上升到接近额定值时，将手柄置于“△”位置，这时 1、2、3、4、7、8 闭合，5、6 断开。其中触点 1、3 闭合，使 U_1、W_2 相连并接通 L_1；7、8 闭合，使 V_1、U_2 相连并接通 L_2；2、4 闭合，使 W_1、V_2 相连并接通 L_3，电动机定子绕组接成△形全压运行。

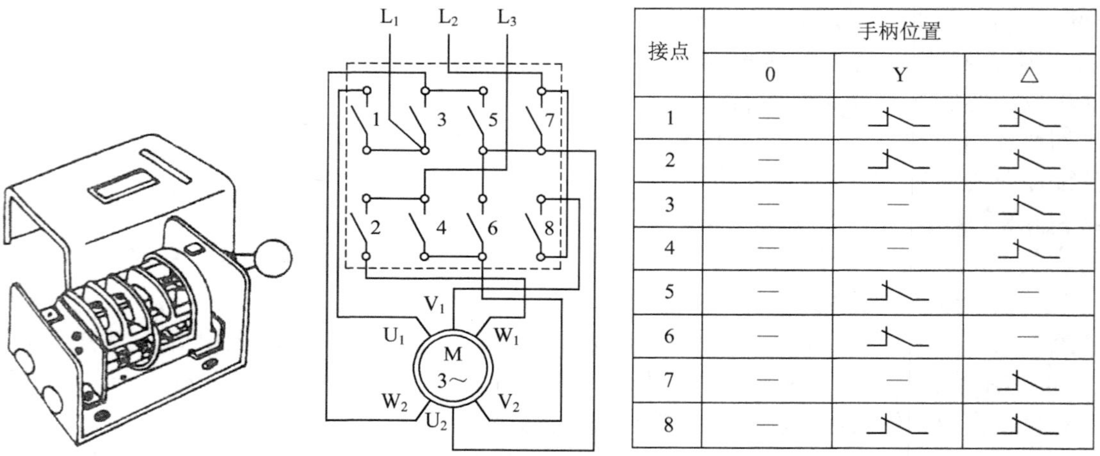

(a) 手动Y—△开关　(b) 接线图　(c) 触点接触图

图 9-10　手动 Y—△起动控制电路

二、自动控制 Y—△降压起动电路

在生产中，应用广泛的是用接触器和时间继电器自动控制的 Y—△降压起动电路。下面分别叙述。

(一) 接触器自动控制的 Y—△降压起动电路

接触器自动控制的 Y—△降压起动电路结构如图 9-11 所示，它的主电路除熔断器和热元件外，另由 3 个接触器的动合主触点构成，其中 KM 位于主电路的前段，用于接通和分断主电路，并控制起动接触器 KM_Y 和运行接触器 $KM_△$ 电源的通断，KM_Y 闭合时使电动机绕组连接成 Y 形，实现降压起动，$KM_△$ 则是在起动结束时闭合，将电动机绕组切换成△形，实现全压运行。它们的控制电路是以 3 个接触器线圈为主体，配合按钮和接触器辅助触点形成的 3 条并联支路。

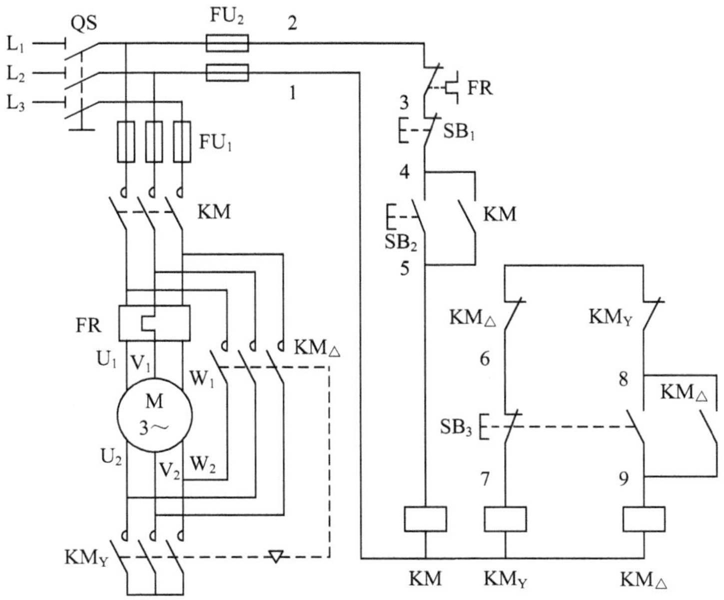

图 9-11　接触器自动控制的 Y—△起动电路

由图 9-11 可以看出，该自动控制电路动作原理如下：

(1) 按下 SB_2 →
- KM 线圈通电 →
  - KM(4—5)自锁触点闭合自锁
  - KM 主触点闭合 → 电动机绕组连接成Y形起动
- KM_Y 线圈通电 →
  - KM_Y 主触点闭合 → 电动机绕组连接成Y形起动
  - KM_Y(5—8) 连锁触点分断(使$KM_△$控制回路分断，实现连锁)

(2) 按下 SB_3 →
- KM_Y 线圈断电 →
  - KM_Y 主触点分断
  - KM_Y(5—8) 连锁触点闭合，接通 $KM_△$部分控制电路
- $KM_△$ 线圈通电 →
  - $KM_△$(8—9)自锁触点闭合自锁
  - $KM_△$ 主触点闭合，电动机绕组连接成△形运行
  - $KM_△$(5—6) 连锁触点断开，分断KM_Y二次电路实现连锁

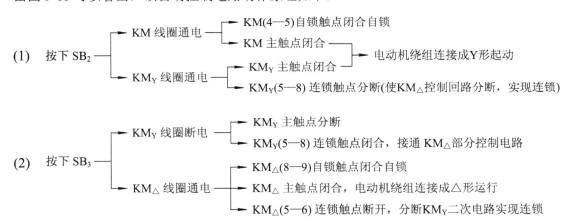

这种电路用了接触器 KM_Y和 $KM_△$的动断辅助触点作电气连锁，能保证起动和运行两种状态的准确性与可靠性，也避免了误按起动按钮造成相间短路。这种连锁装置的保护原理如下：与起动按钮 SB_3 串联的运行接触器 $KM_△$的辅助动断触点 $KM_△$(5—6)在电动机运行过程中，由于 $KM_△$线圈 $KM_△$(9—1)通电吸合，处于分断状态，即使误按起动按钮 SB_2，也不能使起动接触器 KM_Y 控制电路接通。一方面防止了运行中接通星形电路造成误动作，另一方面也避免了故障的发生。它的另一个作用是需要停机时万一运行接触器 $KM_△$主触点粘连或有其他原因分不开，但因 $KM_△$的连锁触点 $KM_△$(5—6)串在起动控制电路中处于断开状态，按下 SB_2 也不能进行起动，同样避免了误动作和短路。

(二) 时间继电器控制的 Y—△降压起动电路

时间继电器控制的 Y—△降压起动自动控制电路如图 9-12 所示，主电路结构与接触器自动控制的 Y—△起动电路相同。在控制电路中，多了一个时间继电器支路，并用时间继电器 KT 的动断触点(6—7)对起动接触器 KM_Y 的控制电路进行连锁。

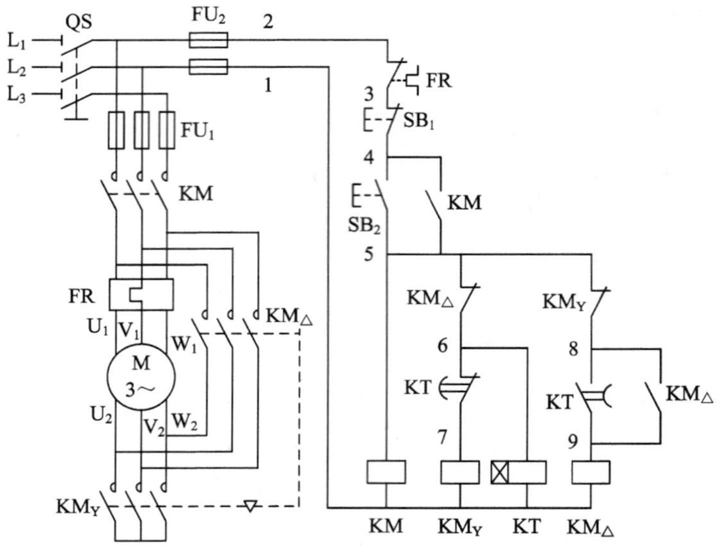

图 9-12　时间继电器自动控制 Y—△降压起动电路

该电路的动作原理如下：

先合上隔离开关 QS，再

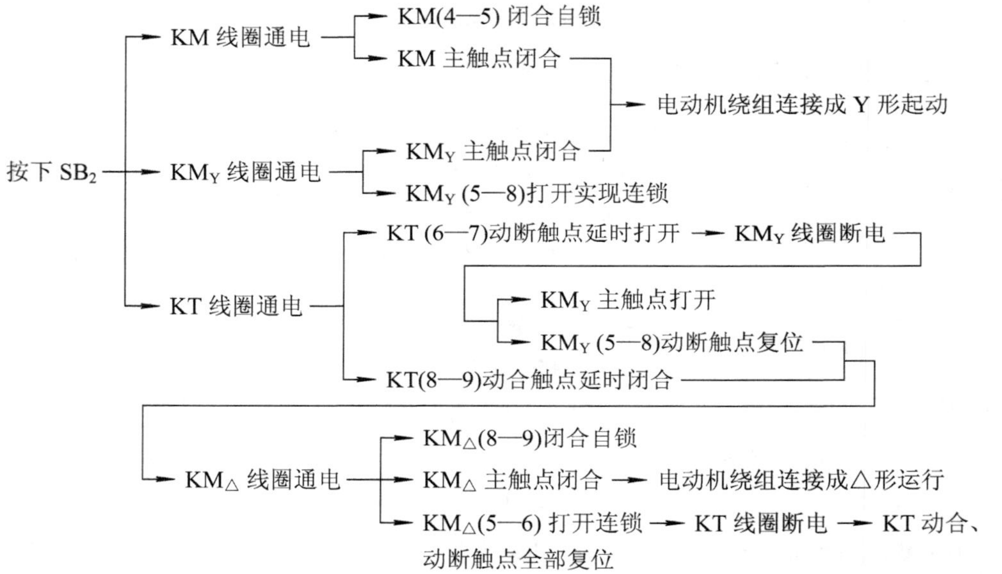

这种时间继电器的自动控制 Y—△降压起动电路中，电气连锁装置保护功能与接触器自动控制 Y—△降压起动电路中电气连锁装置的保护功能相似，读者可以照图自行分析。

第三节　电动机制动控制电路

运行中的电动机在切断电源后，由于惯性作用，总是要经过一定的时间才能停止运转。这对于某些要求定位准确，需要限制行程的生产机械是不适合的，如起吊重物的行车，机床上需要迅速停车、反转的机构等，它们都要求电动机分断电源后立即停转。技术上，让电动机断开电源后迅速停转的方法叫做制动。使电动机制动的方法有多种，应用广泛的有机械制动和电力制动两类。

一、机械制动

所谓机械制动是指利用机械装置使电动机切断电源后立即停转。目前广泛使用的机械制动装置是电磁抱闸，它的基本结构如图 9-13 所示。

这种电磁抱闸的主要工作部分是电磁铁和闸瓦制动器。电磁铁由电磁线圈、静铁芯和衔铁组成；闸瓦制动器由闸瓦、闸轮、弹簧和杠杆等组成。其中闸轮与电动机转轴相连，闸瓦对闸轮制动力矩的大小可通过调整弹簧作用力来改变。

电磁抱闸的控制电路如图 9-14 所示。若需电动机起动运行，先合上电源开关 QS，再按下起动按钮 SB_2，接触器线圈 KM(4—5)通电，其主触点与自锁触点同时闭合，在向电动机绕组供电的同时，电磁抱闸线圈也通电，电磁铁产生磁场力吸合衔铁，衔铁克服弹簧的作用力，带动制动杠杆动作，推动闸瓦松开闸轮，电动机立即起动运转。如要停车制动时，只需按下停车按钮 SB_1，分断接触器 KM 的控制电路，KM 线圈断电，释放主触点，分断主电路，使电动机绕组和电磁抱闸线圈同时断电，电动机断电后在凭惯性运转的同时，电磁铁线圈因断电释放衔铁，弹簧的作用力使闸瓦紧紧抱住闸轮，闸瓦与闸轮之间强大的摩擦力使电动机立即停止转动。

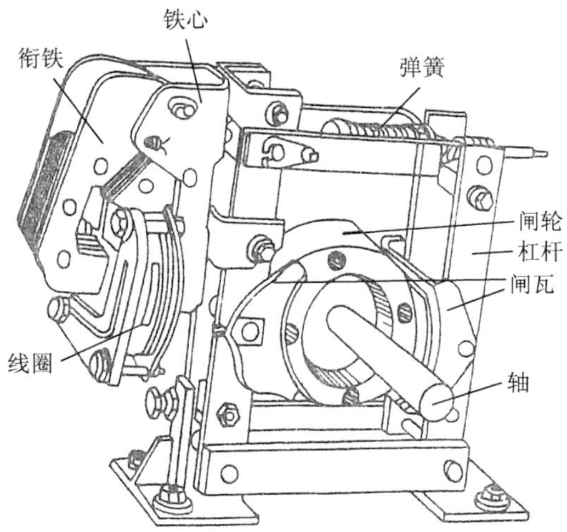

图 9-13　电磁抱闸

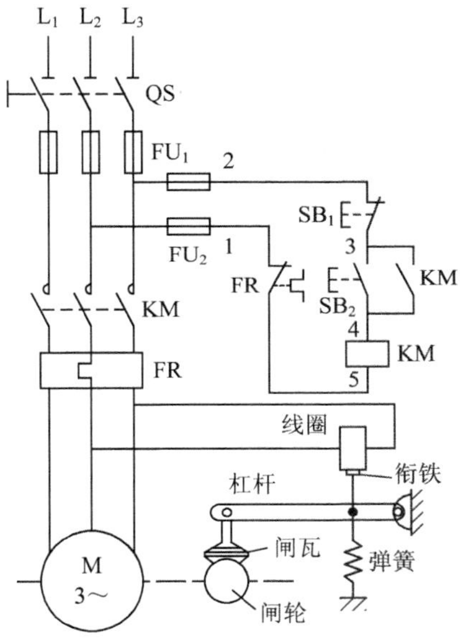

图 9-14　电动机机械制动控制电路

电磁抱闸制动的优点是通电时松开制动装置，断电时起制动作用。如果运行中突然停电或电路发生故障使电动机绕组断电，闸瓦能立即抱紧闸轮，使电动机处于制动状态，生产机械亦立即停止动作而不会因停电而造成损失。如起吊重物的卷扬机，当重物吊到一定高度时，突然遇到停电，电磁抱闸立即制动，使重物被悬挂在空中，不致掉下。

二、电力制动

电动机需要制动时，通过电路的转换或改变供电条件使其产生跟实际运转方向相反的电磁转矩——制动转矩，使电动机迅速停止转动的制动方式叫电力制动。三相笼型异步电动机广泛应用的电力制动方法有反接制动和能耗制动两种。

(一) 反接制动

反接制动方法是利用改变电动机定子绕组中三相电源相序，使定子绕组中的旋转磁场反向，产生与原有转向相反的电磁转矩——制动力矩，使电动机迅速停转，其原理如图 9-15 所示。

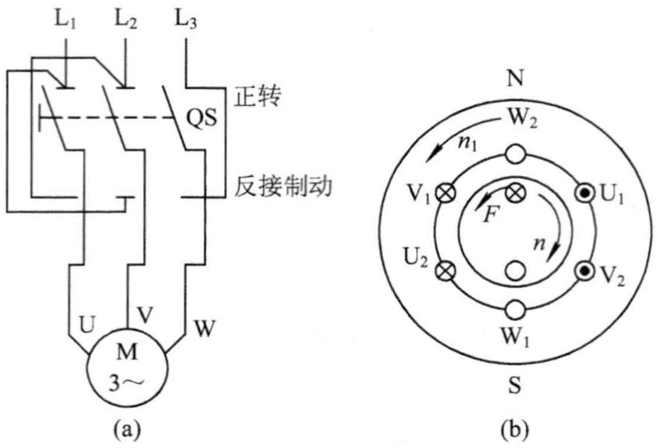

n_1—制动转速；n—惯性转速；F—制动力

图 9-15　反接制动原理图

图中的 QS 是双掷三相开关，在电动机起动运行时，其动触点与上面三个静触点接触，电动机正向运转。如需电动机停转，将动触点拉离上方静触点，切断电源即可。若要制动，将动触点与下方三个静触点闭合，将电动机绕组端头 U、V、W 由依次接电源相线的 L_1、L_2、L_3 调为依次接 L_2、L_1、L_3，电源相序的改变，使定子绕组旋转磁场反向，在转子上产生的电磁转矩与原转矩方向相反，如图 9-15(b)所示。这个反向转矩，即可使电动机惯性转速迅速减小而停止。当转速为零时，应及时切断反转电源，否则电动机将反转。所以在反接制动中，应采用保证在电动机转速接近于零时能自动切断电源的装置，以防止反转的发生。在反接制动技术中，多采用速度继电器。

速度继电器的转子与被控制电动机的转子装在同一根转轴上，其动合触点串联在电动机控制电路中，与接触器等配合，完成反接制动，这种自动控制电路如图 9-16 所示。

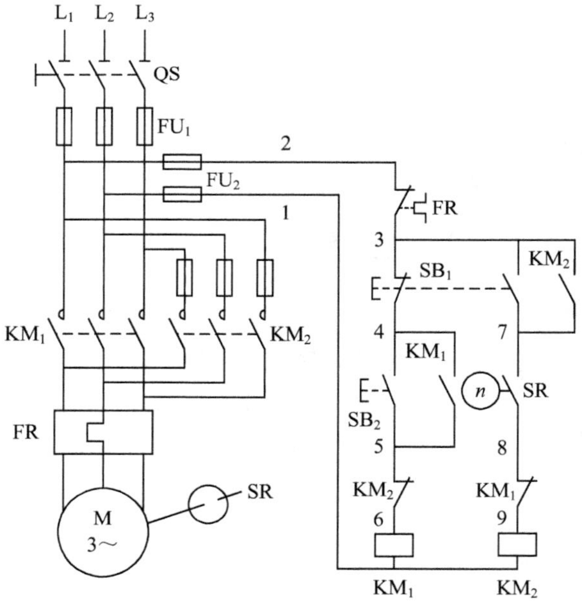

图 9-16　反接制动控制电路

在该电路中，速度继电器的作用是反映电动机转速快慢并对其进行反接制动。主电路中串入限流电阻，用以限制电动机在制动过程中产生的强大电流，因制动电流可达额定电流的 10 倍，容易烧坏电动机绕组。每相限流电阻的阻值可用下式计算：

$$R = 1.5 \times \frac{220}{I_Q} \quad (\Omega)$$

式中，I_Q为电动机起动电流。如果主电路中，只在两相上串联起动电阻，其阻值应为计算阻值的 1.5 倍。对于小容量电动机，可不串联限流电阻。

该控制电路由两条回路组成，一条是以 KM_1 线圈为主的正转接触器控制电路，它的作用是控制电动机起动运行，带动生产机械作功。另一条回路是以 KM_2 线圈为主的反接制动控制电路，它的作用是需要电动机停止时，切换电源相序，完成反接制动。下面介绍其工作原理。

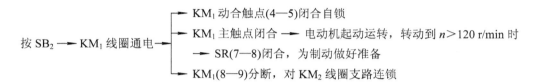

电动机起动：

按 SB_2 → KM_1 线圈通电 →
- → KM_1 动合触点(4—5)闭合自锁
- → KM_1 主触点闭合 → 电动机起动运转，转动到 n>120 r/min 时 → SR(7—8)闭合，为制动做好准备
- → KM_1(8—9)分断，对 KM_2 线圈支路连锁

电动机制动：

按 SB_1 →
- → KM_1 线圈断电 →
  - → KM_1(4—5)分断
  - → KM_1 主触点分断 → 电动机 M 断电，凭惯性转动
  - → KM_1(8—9)闭合复位 ↓
- → KM_2 线圈通电 →
  - → KM_2(3—7)闭合自锁
  - → KM_2主触点闭合 → 电动机 M 串限流电阻 R 反接制动，在 n<120 r/min 时 ↓
  - → KM_2(5—6)分断，对 KM_1 线圈支路连锁

→ SR(7—8)分断复位 → KM_2 线圈断电 →
- → KM_2(3—7)分断复位
- → KM_2 主触点分断 → 电动机断电，制动结束
- → KM_2(5—6)闭合复位

(二) 能耗制动

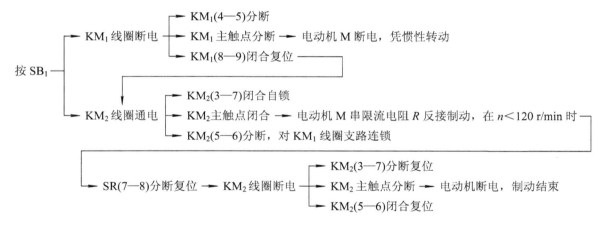

能耗制动是在切断电动机三相电源的同时，从任何两相定子绕组中输入直流电流，以获得大小和方向都不变的恒定磁场，从而产生一个与电动机原转矩方向相反的电磁转矩以实现制动。因为这种方式是用直流磁场消耗转子动能实现制动的，所以又叫动能制动或直流制动。

能耗制动的工作原理可用图 9-17 所示的简单电路加以说明。图中，QS_1 是双掷三相闸刀开关，当动触点与上方静触点闭合时，电源向电动机的定子绕组注入三相电流，使电动机直接起动运行(设为顺时针方向旋转)。如果使电动机制动，将闸刀开关拉下与下方静触点闭合的同时，合上闸刀开关 QS_2，向 V_1、W_1 两相定子绕组输入直流电流，在定子中产生直流磁场。这时凭惯性继续转动的转子会因切割直流磁场的磁力线而在转子绕组中产生感应电流，用右手螺旋定则可知，转子绕组电流在左面导体中是流入纸面，在右面导体中流出纸面。这个感应电流将使转子绕组受到定子磁场力的作用，用左手定则可以判定，这个磁场力的方向与转子转动方向相反，形成制动转矩，迫使电动机停转。这个制动转矩的大小，与输入定子绕组的直流电流有关，直流电流越大，产生的磁场越强，制动转矩也越大。一般要求输入的直流电流为绕组空载电流的 3～5 倍，电流太大，会伤及电动机绕组。

在阐明能耗制动原理的基础上，下面分析两个能耗制动的实用控制电路及其工作原理。

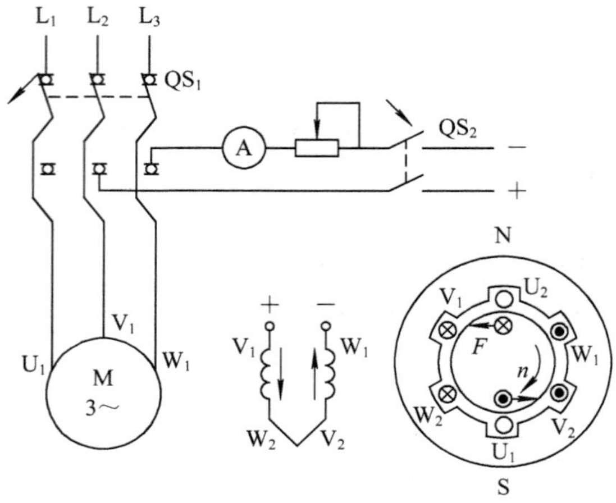

图 9-17　能耗制动原理图

1. *有变压器的全波整流能耗制动控制电路*

有变压器的全波整流能耗制动控制电路如图 9-18 所示。它的主电路中，并联了整流变压器 T，将 380 V 电源电压降到 26 V，以提供整流电源。整流器接成单相桥式整流电路，利用二极管的单向导电性将交流电变成直流电，供给电动机任意两相绕组作制动电流。电位器 R_P 用以调节制动电流的大小，从而调整制动强度。控制电路由正转接触器 KM_1 线圈、输入直流的接触器 KM_2 线圈及控制制动时间的时间继电器 KT 线圈为主体的三条支路并联组成。

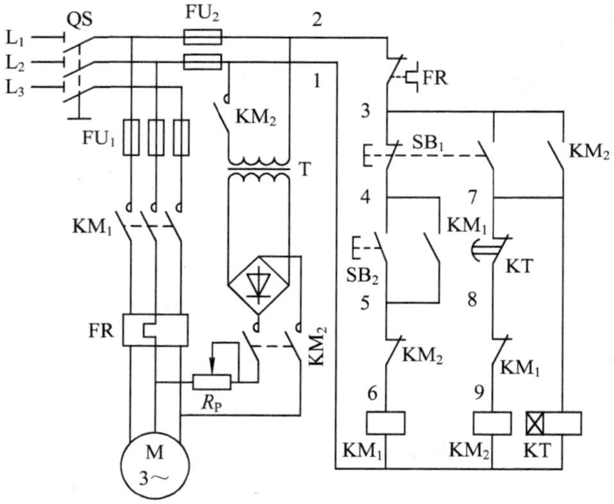

图 9-18　有变压器全波整流能耗制动控制电路

电路工作原理如下。

(1) 电动机起动过程：

先合上隔离开关 QS，再

按下 SB_2 → KM_1 线圈通电 →
- KM_1 (4—5)闭合自锁
- KM_1 主触点闭合 → 电动机起动运转
- KM_1(8—9)分断，对KM_2线圈支路连锁

(2) 电动机制动过程：

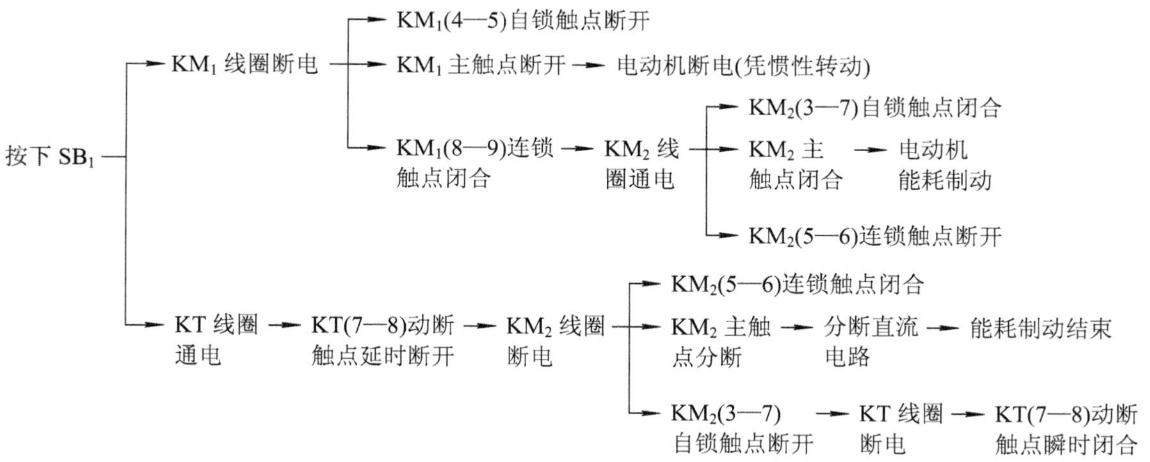

2. 无变压器的半波整流能耗制动控制电路

无变压器的半波整流能耗制动控制电路与有变压器的全波整流能耗制动控制电路相比，省去了变压器，直接利用三相电源中的一相进行半波整流后，向电动机任意两相绕组输入直流电流作为制动电流。这样既简化了电路，又降低了设备成本，其电路结构如图 9-19 所示，它的动作原理如下。

起动时先合上隔离开关 QS，再按下起动按钮 SB_2，使运转接触器线圈 KM_1(6—1)通电动作，主触点吸合，辅助动合触点 KM_1(4—5)闭合自锁，电动机通电起动运行。需要制动时，先按下停止按钮 SB_1，KM_1(6—1)断电，释放主、辅动合触点，使电动机脱离电源，凭惯性转动。在按动 SB_1 的同时，SB_1 的动合触点接通制动接触器 KM_2 的控制电路，线圈 KM_2(9—1)通电动作，并通过辅助动合触点 KM_2(3—7)对 SB_1 实现自锁，又使时间继电器线圈 KT(7—1)同时通电动作。在 KM_2 动作时，主触点闭合，将半波整流后的直流电流注入电动机任意两相绕组(如 V、W 两相)，使电动机在能耗制动下停转。制动完成时，时间继电器动断触点 KT(7—8)延时断开，分断了制动接触器控制电路，KM_2 线圈断电，释放主辅触头，分断电动机绕组的直流供电回路，能耗制动过程结束。

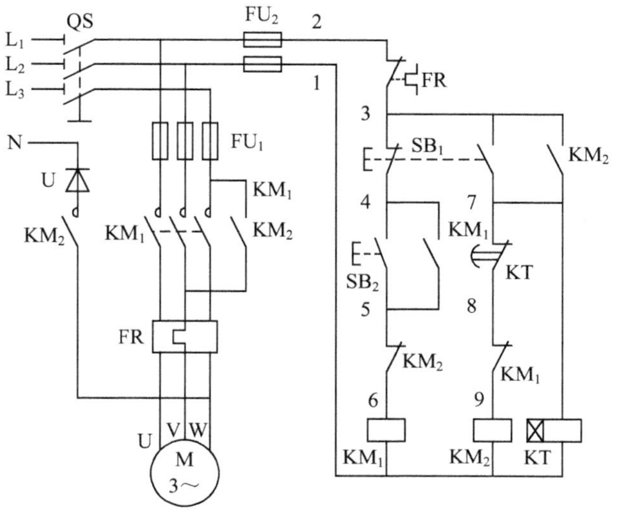

图 9-19　无变压器半波整流能耗制动控制电路

第四节　电动机调速控制电路

某些生产机械在工作过程中，需要变换电动机的转速，以满足生产环节的需要。从电动机转速计算公

式 $n_2=\dfrac{60}{p}f(1-s)$ 可以看出，改变定子绕组的磁极对数 p、电源频率 f 或电动机转差率 s，均可改变电动机转速。其中改变电源频率本来很方便，且能连续可调，但变频设备成本较高，很少采用；改变转差率也较方便，但会造成电动机运行特性变坏，一般也不采用。目前广泛使用的是改变定子绕组磁极对数实现调速，常称变极调速。由于定子绕组的磁极不能连续调节，只能分级改变，转速也只能一级一级地调节。下面分析笼型电动机变极调速控制电路的结构及动作原理。

一、笼型异步电动机变极调速原理

从第七章中对异步感应电动机旋转磁场转速 n_1 和转子转速 n_2 的讨论中知道，旋转磁场转速 n_1 与电源频率 f 和磁极对数 p 的关系为

$$n_1=\frac{60}{p}f$$

我国采用的三相交流电源频率为 50 Hz，将其代入上式则有

$$n_1=\frac{60}{1}\times 50\ \text{r/min}=3000\ \text{r/min}\ (2\ \text{极电动机}\ (p=1))$$

$$n_1=\frac{60}{2}\times 50\ \text{r/min}=1500\ \text{r/min}\ (4\ \text{极电动机}\ (p=2))$$

依此类推……

可以看出，电动机旋转磁场转速(同步转速)随着电动机磁极对数的增加而跳跃性减小。可见改变电动机磁极对数，即可改变电动机同步转速，因转子转速比同步转速低(2～6)%，也就改变了转子转速。

在技术上，要改变电动机磁极对数，通常通过改变定子绕组的接法来实现。

图 9-20 所示为电动机某相定子绕组从顺向串联换成反向串联或反向并联后，使磁极对数减少一半的接线方法。图 9-20(a)表示了绕组在顺向串联中，用右手螺旋定则判断出它产生了四极磁场，其同步转速应为 1500 r/min。若将绕组的一半线圈(图中右线圈 $U_1''U_2''$ 反向串联，使右边线圈 $U_1''U_2''$ 电流流向相反)，如图 9-20(b)所示，用右手螺旋定则可以判定，该绕组产生的是二极磁场，其同步转速由原来的 1500 r/min 变成了 3000 r/min。可见，只要将绕组由顺向串联改为反向串联，电动机磁极对数就减少一半，转速相应增加一倍。同理，如将图 9-20(a)的正向串联改接成反向并联，仍可用右手螺旋定则判断出绕组磁极对数减少一半，转速增加一倍。这种可以变换绕组连接以实现两种转速的电动机，叫做双速电动机，其调速比为 2∶1。这就是变极调速原理。在双速电动机的基础上，还可根据生产的需要，进一步通过磁极对数的变换，制成多速电动机，具体措施是增加绕组套数和改变接法。如三速电动机就嵌有两套独立绕组，一套为双速，另一套为单速。上面在分析变极调速原理时，是以一相绕组为例说明的。对于三相异步电动机，它的三相绕组不是按星形连接就是按三角形连接。对于双速电动机，它的绕组又是怎样从顺向串联变换到反向串联或反向并联的呢？在实际应用上常采用以下两种办法：一种是三相绕组从单星形(Y)改接成双星形(YY)，如图 9-21 所示。三根电源相线接 U_1、V_1、W_1 时，U_2、V_2、W_2 空着不用，绕组接成 Y 形，如图 9-21(a)所示；将三相电源接到 U_2、V_2、W_2，并将 U_1、V_1、W_1 连接成一点，即成双星形，如图 9-21(b)所示。另一种是对三角形连接的绕组，三相电源与 U_1、V_1、W_1 相接，U_2、V_2、W_2 空着不用，如图 9-22(a)所示，为普通△连接；如将三相电源与 U_2、V_2、W_2 相接，U_1、V_1、W_1 接到一点，则为双星形(YY)连接，如图 9-22(b)所示。

无论是 Y 连接变换为 YY 连接还是△连接变换成 YY 连接，都是将三相绕组的每一相从顺向串联变换为反向并联，例如 Y 连接时，U 相绕组电流流向为 $U_1\rightarrow U_2$，$U_2\rightarrow 0$，在 U_1U_2 和 U_{20} 两段绕组中，电流都是从首端到尾端。若采用 YY 连接，由于电源从 U_2 进入，则电流流向为 $U_2\rightarrow U_1$，$U_2\rightarrow 0$，在 U_1U_2 这段绕组中电流反向，相当于反向并联。

前述两种变换中，绕组接成 Y 连接或△连接时，为四极电动机($p=2$)，同步转速 1500 r/min；换接成 YY 连接时，同步转速为 3000 r/min，成为低速时的 2 倍。

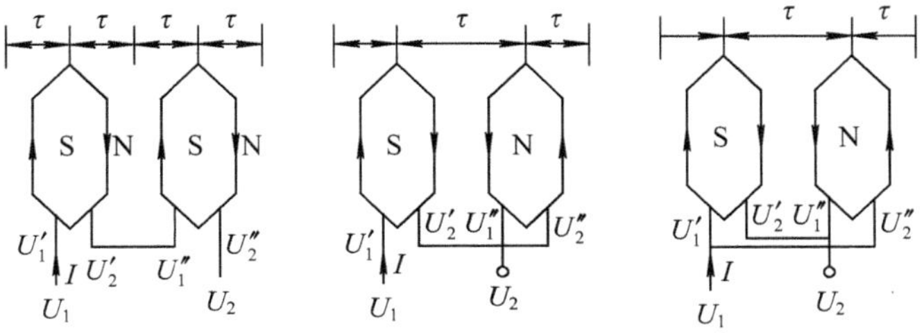

(a) 正向串联　　(b) 反向串联和反向并联

图 9-20　改变磁极对数的接线方法

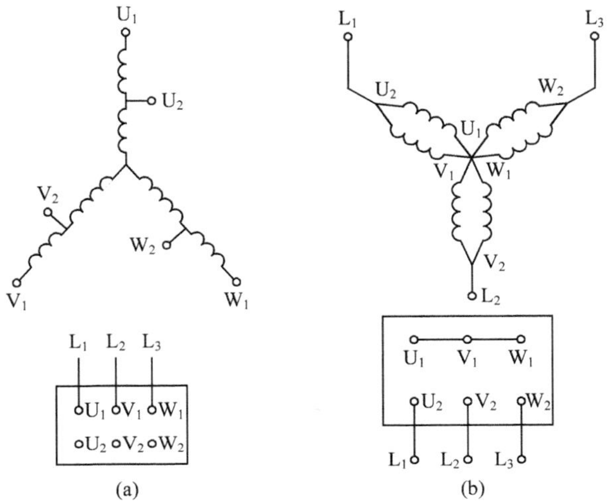

(a)　　(b)

图 9-21　从单 Y 连接换到 YY 连接

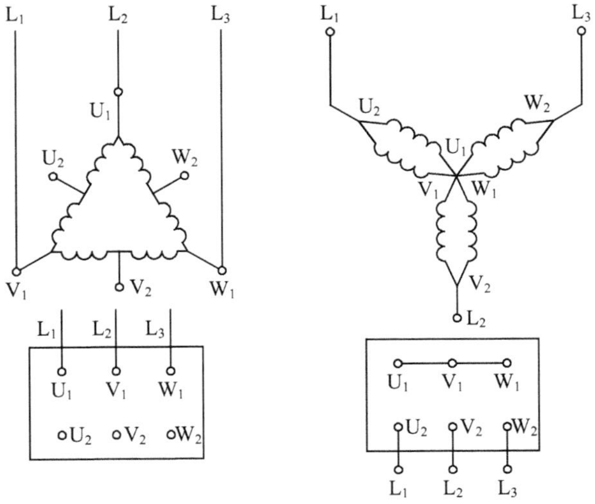

(a) △连接　　(b) YY 连接

图 9-22　从△连接到 YY 连接

二、双速电动机自动控制电路

下面分析通过绕组变换实现调速的自动控制电路。

(一) 用接触器控制的双速电动机调速电路

用接触器控制的双速电动机调速电路如图 9-23 所示，它的控制电路主要由两个复合按钮和三个接触器线圈组成。主电路中，电动机绕组连接成三角形，在三个顶角处引出 U_1、V_1、W_1；在三相绕组各自的中间抽头引出 U_2、V_2、W_2。其中 U_1、V_1、W_1 与接触器 KM_1 主触点连接，U_2、V_2、W_2 与 KM_2 的主触点连接，U_1、V_1、W_1 三者又与接触器 KM_3 主触点连接。它们的控制电路由复合按钮和接触器辅助动断触点实现复合电气连锁。

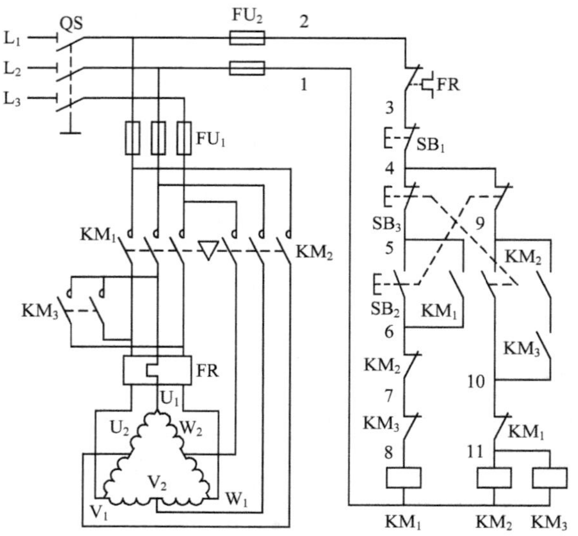

图 9-23　接触器控制的双速电动机调速电路

先合上隔离开关 QS，低速运转和高速运转时的情况如下：

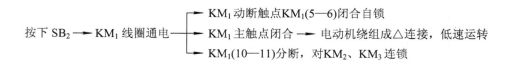

(1) 低速运转时，

按下 SB_2 → KM_1 线圈通电
- → KM_1 动断触点 KM_1(5—6)闭合自锁
- → KM_1 主触点闭合 → 电动机绕组成△连接，低速运转
- → KM_1(10—11)分断，对 KM_2、KM_3 连锁

(2) 高速运转时，

按下 SB_3
- → KM_1 线圈断电
  - → KM_1(5—6)分断复位
  - → KM_1 主触点分断 → 电动机凭惯性运转
  - → KM_1(10—11)闭合复位 → KM_2 线圈通电、KM_3 线圈通电
- → KM_2 线圈通电
  - → KM_2(6—7)分断对 KM_1 连锁
  - → KM_2 主触点闭合
  - → KM_2(9—10)闭合
- → KM_3 线圈通电
  - → KM_3(9—10)闭合
  - → KM_3 主触点闭合
  - U_1、V_1、W_1 并成一点
  - → KM_3(7—8)分断时对 KM_1 连锁

KM_2(9—10)闭合、KM_3(9—10)闭合 → 自锁

KM_2 主触点闭合、KM_3 主触点闭合、KM_3(7—8)分断时对 KM_1 连锁 → 电动机绕组成YY连接高速运转

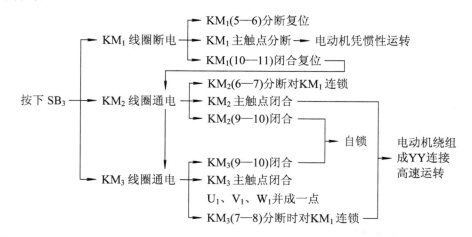

(二) 用时间继电器控制的双速电动机电路

用时间继电器控制的双速电动机电路如图 9-24 所示，它的主电路和用接触器控制的双速电动机主电路相同。不同的是，在控制电路的干路上加接了三个接点，能切换两个位置的开关 SA，在接触器 KM_2 线圈

支路中又并联了时间继电器 KT 的电磁线圈。

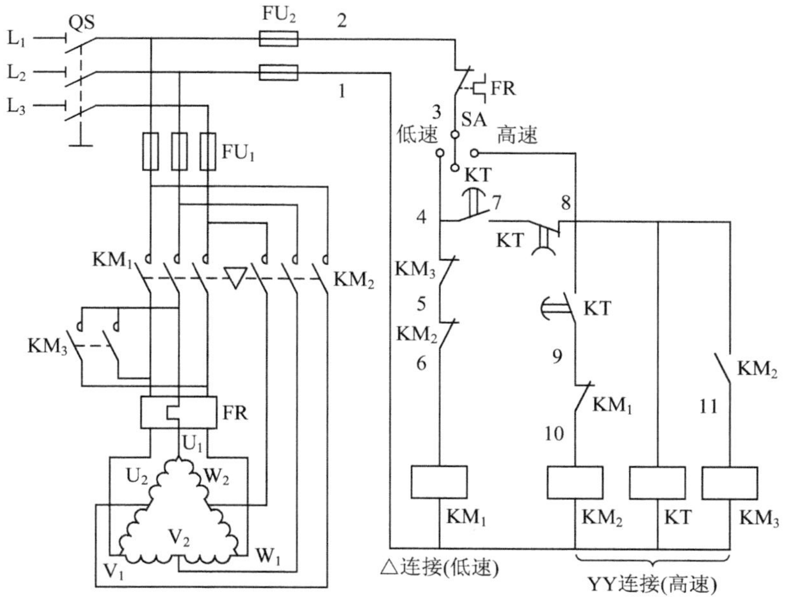

图 9-24　用时间继电器控制的双速电动机调速电路

电路动作原理为：当控制开关 SA 置于中间位置时，控制电路开路，接触器不动作，电动机处于停止状态。若将 SA 置向“低速”位置，接通接触器 KM_1 控制电路，KM_1 线圈通电动作，主触点闭合，使三相电源进入电动机绕组 U_1、V_1、W_1 首端，电动机绕组按△连接作低速运行。同时通过 KM_1(9—10)对 KM_2 连锁，KM_2 不能动作，U_2、V_2、W_2 开路，不影响电动机低速运转。

将控制开关 SA 置向“高速”位置，KM_2、KM_3 还暂时不能通电(因时间继电器延时闭合，触点 KT(8—9)、KM_2(8—11)未闭合)，只有在时间继电器 KT 线圈首先通电动作后，它的动合触点 KT(4—7)作瞬时闭合。首先接通低速接触器 KM_1 的控制电路，使其动作，电动机绕组按△连接作低速起动，经过一定时间后，KT 的动断触点 KT(7—8)延时分断，接触器 KM_1 断电释放，KT 动合触点 KT(8—9)延时闭合，接通高速接触器 KM_2 的控制电路，KM_2 通电动作，在它的主触点将 U_2、V_2、W_2 与电源连接的同时，连锁触点 KM_2(8—11)接通 KM_3 控制电路，KM_3 通电动作，将 U_1、V_1、W_1 连接成一点。在 KM_2、KM_3 的共同作用下，将电动机绕组接成 YY 连接，使其从低速切换到高速运转。

第五节　常用生产机械与机床控制电路

用电力拖动的生产机械和机床电路有多种，从电路结构上看，有简单的，也有较复杂的。本节将在前面所学电力拖动基本原理的基础上，分析起重设备中广泛使用的电动葫芦控制电路和常用机床控制电路。

一、电动葫芦控制电路

电动葫芦是电动起重设备中起重量较小，电路和结构都比较简单的一种生产机械，广泛应用于小型车间、建筑工地和乡镇企业。其主要部分由吊钩升降机构和行车移动装置构成。重物的升降和行车的移动这两种动作分别由两台笼型异步电动机通过正反转控制完成。电气原理图如图 9-25 所示。

电动葫芦的主电路由三相电源通过开关 QS、熔断器 FU_1 后分成两个支路。第一条支路通过接触器 KM_1 和 KM_2 的主触点到笼型电动机 M_1，再从其中两相电源分出 380 V 电压控制电磁抱闸，完成吊钩悬挂重物时的升、降、制动等动作；第二条支路通过接触器 KM_3 和 KM_4 的主触点到笼型电动机 M_2，完成行车在水平面内沿导轨的前后移动。

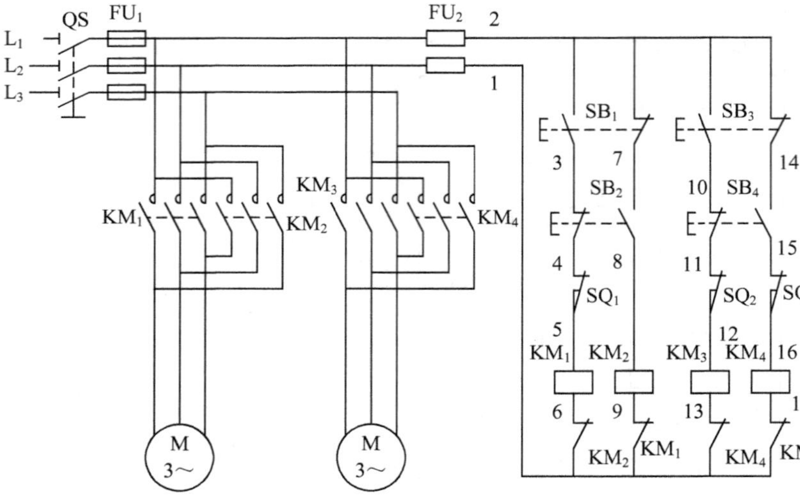

图 9-25　电动葫芦控制电路

控制电路由两相电源引出，组成 4 条并联支路，其中以 KM_1、KM_2 线圈为主体的左边两条支路控制吊钩升降环节，以 KM_3、KM_4 线圈为主体的右边两条支路控制行车的前后移动环节。这两个环节分别控制两台电动机的正、反转，并用 4 个复合按钮进行点动控制，这样当操作人员离开现场时，电动葫芦不能工作，以避免发生事故。控制电路中还装设了 3 个行程开关，限制电动葫芦上升、前进、后退的 3 个极端位置。

该电路工作原理如下。

(1) 升降机构动作过程。按下 SB_1(暂不释放)，接通接触器 KM_1 线圈控制电路，KM_1 动作，接通主电路，电磁抱闸松开闸瓦(图中未画出)，电动机 M_1 通电起动，提升重物，同时 SB_1 动断触点 SB_1(2—7)分断，KM_1 的辅助动断触点 KM_1(9—1)分断，对控制吊钩下降动作的 KM_2 控制电路连锁。当重物被提升到指定高度时，松开 SB_1，KM_1 断电释放，电磁抱闸断电，闸瓦合拢对电动机 M_1 制动，令其迅速停止。行程开关 SQ_1 安装在吊钩上升的终点位置，其动断触点串联在 KM_1 的控制电路中，当吊钩上升到该位置时，吊钩撞块碰触行程开关滚轮，SQ_1 动作时，其动断触点 SQ_1(4—5)分断 KM_1 控制电路，KM_1 断电释放，仍可使电动机 M_1 在电磁抱闸制动下迅速停车，避免了吊钩继续上升造成事故。欲使吊钩下降，只需按下按钮 SB_2，接通接触器 KM_2 控制电路，使 KM_2 通电动作，松开电磁抱闸，电动机反转。当吊钩下降到指定高度时，松开 SB_2，KM_2 断电复位，断开主电路，电磁抱闸因断电而对电动机制动，下降动作迅速停止。

(2) 移动机构的动作过程。按下 SB_3(暂不释放)，使接触器线圈 KM_3(12—13)通电动作，接通移动机构的主电路，电动机 M_2 通电正转，使电动葫芦前进，并通过 SB_3 动断触点 SB_3(2—14)和 KM_3 辅助动断触点 KM_3(17—1)对控制电动葫芦后退动作的接触器 KM_4 复合连锁。松开 SB_3，KM_3 断电释放，电动机 M_2 断电，移动机构停止运行。按下 SB_4(暂不松开)，接触器 KM_4 通电动作，接通电动机 M_2 反转电路，M_2 反转，使电动葫芦后退，并通过 SB_4 动断触点 SB_4(10—1l)、接触器 KM_4 辅助动断触点 KM_4(13—1)对控制电动葫芦前进的接触器 KM_3 复合连锁。放开 SB_4，电动葫芦后退动作停止。行程开关 SQ_2、SQ_3 分别装在前后行程的终点位置，一旦移动机构运动到该点，其撞块碰触行程开关滚轮，便可分断串入控制电路中的动断触点，分断控制电路，使接触器断电释放，电动机 M_2 停止转动，避免电动葫芦超越行程造成事故。

二、C620 车床电气控制电路

C620 车床是在金属切削中应用较为广泛的机床。它主要由床身、主轴变速箱、进给箱、溜板箱、溜板与刀架、尾架、丝杠、光杠等组成，如图 9-26 所示。

车床的运动主要有主轴旋转和刀架的移动。主轴旋转靠笼型电动机通过皮带传动，并将动力传到主轴变速箱进行变速。电动机带动主轴旋转的同时，它又通过光杠带动溜板箱平动，控制刀架进给，作纵横方向运动。为了降低刀具在工件上切削时产生的高温，车床上另装设了冷却泵电动机，在切削过程中，不断向工件和刀具输送冷却液降温。控制两台电动机完成上述任务的电路如图 9-27 所示。这个电路由主电路、控制电路和照明电路三部分组成。

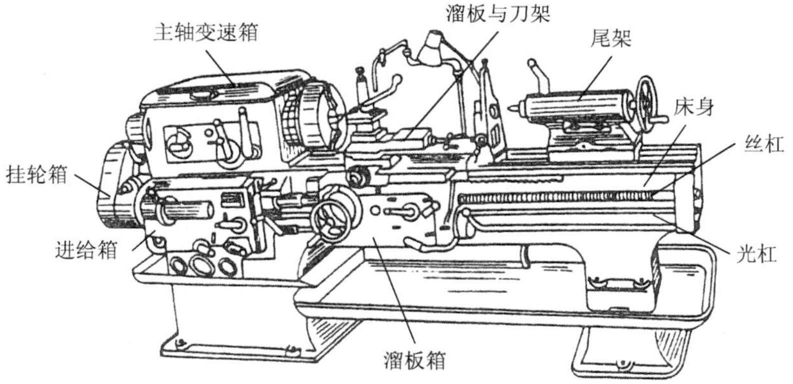

图 9-26　C620 车床外形

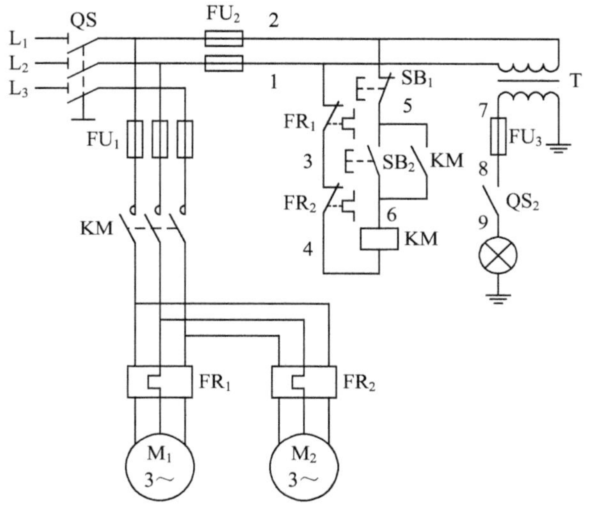

图 9-27　C620 车床电气控制电路

主电路由主电路熔断器 FU_1、接触器主触点 KM、两套热元件、两台电动机 M_1 和 M_2 组成。M_1 驱动主轴转动和带动刀架移动完成对工件的切削任务，M_2 驱动冷却泵输送冷却液。主轴的正反转控制靠变速箱和摩擦离合器完成，不需要主轴电动机可逆运转。冷却泵电动机更不需要可逆运转，所以它的主电路就比较简单。

控制电路只有电动机正向运转的单一控制回路，由电源 L_1 通过熔断器 FU_2、停止按钮 SB_1(2—5)、起动按钮 SB_2(5—6)和接触器线圈 KM(6—4)以及两台电动机热继电器动断触点 FR_2(4—3)、FR_1(3—1)回到电源 L_2，接触器辅助触点 KM(5—6)完成自锁。

照明电路由一台 380/36 V 控制变压器 T 并联在控制电路上，合上开关 QS_2，车床工作灯发光照明，再按下起动按钮 SB_2，接通主轴电动机和冷却泵电动机控制回路，使接触器线圈 KM 通电吸合，主轴电动机和冷却泵电动机同时通电运转。KM 吸合后，它的动合辅助触点闭合自锁。按下 SB_1，两台电动机同时停转，车床停止工作。分断 QS_2，车床照明灯熄灭。

三、X62W 万能铣床电气控制电路

铣床种类较多，有卧铣、立铣、龙门铣、仿形铣等多种。它们可用于加工工件平面、斜面和沟槽等。装上分度头，可加工齿轮和螺旋面；装上回转圆工作台，可加工凸轮及弧形槽。所以在各类机床中，从用

途广泛角度看，铣床仅次于用途最广的车床。下面将分析在铣床中使用广泛的 X62W 卧式铣床。

(一) 主要机械结构及对电气控制的要求

铣床型号含义为

X　6　2　W

铣床 —— X

卧式 —— 6

2 —— 2 号铣床(用1、2、3代表工作台面长和宽)

W —— 万能

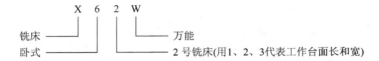

X62W 万能铣床的机械结构如图 9-28 所示，从图中可以看出，床身是它的主体，用于安装、连接、支承其他部件。它的内部安装有主轴传动机构和变速操纵机构。床身前面有垂直导轨，可使升降台上下移动。床身顶部有水平导轨，可使悬梁沿导轨水平移动。悬梁上装有刀杆支架，用于支承铣刀心轴的一端。心轴另一端固定在主轴上，由主轴带动旋转。刀杆支架亦可随悬梁水平移动，便于调节铣刀位置。在升降台上面的水平导轨上，装有可在平行于主轴轴向移动(前后移动)的溜板，溜板上可装回转台。工作台装在回转台导轨上，可作与主轴轴线方向垂直的左右移动。可见，从升降台的上、下，溜板的前、后移动，工作台的左、右移动六个方向的往复动作中，可以任意选择工件加工时的进给方向。此外在工作台和溜板之间装有回转盘，工作台还可绕垂直轴左右旋转 45°，使其在倾斜方向也能完成进给，便于加工螺旋槽等。

铣床的主运动为铣刀的螺旋运动，而进给运动是工件相对铣刀的移动。由于铣刀直径、工件材料和加工精度的不同，要求主轴转速也不一样。主轴电动机不能进行电气调速，它的变速要求通过齿轮变速实现。主轴电动机采用可逆运转控制电路，以改变主轴旋转方向实现顺铣或逆铣。为使铣床运转平稳，保证加工质量，主轴上装有惯性很大的飞轮。为能在停车时迅速制动，主轴电动机设置了电力制动装置。

为保证进给动作能实现上下、前后、左右的变换，进给电动机也接成可逆运转电路。但为了设备的安全，在同一时间只允许一个方向的进给动作。

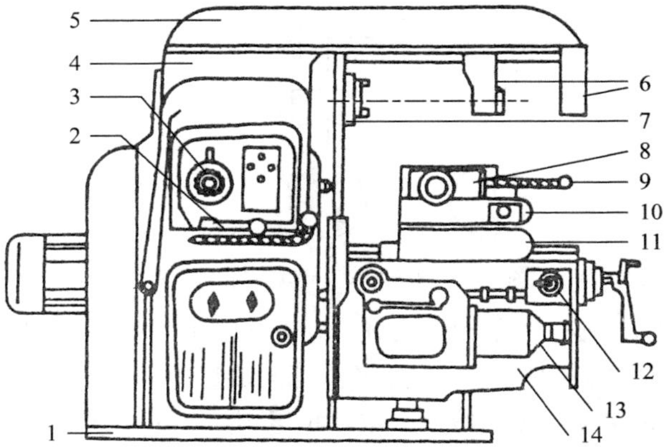

1—底座；2—主轴变速手柄；3—主轴变速数字盘；4—床身(立柱)；5—悬梁；
6—刀杆支架；7—主轴；8—工作台；9—工作台纵向操纵手柄；10—回转台；
11—床鞍；12—工作台升降及横向操纵手柄；13—进给变速手轮及数字盘；14—升降台

图 9-28　X62W 万能铣床外形简图

为了便于在主轴变速时齿轮能良好啮合，且进给动作准确到位，在主轴电动机和进给电动机的控制电路上，均附有点动控制电路。在操作时用点动控制使电动机稍微转动一下，叫变速冲动。

为提高工作效率，缩短加工中调整进给动作的时间，该铣床采用了快速电磁铁，当电磁铁吸合时，可改变传动链的传动比，使进给动作加快，从而提高加工速度。

如果要使用圆工作台，则圆工作台的旋转与工作台的上下、前后、左右等动作应有连锁控制。此外主轴旋转与工作台进给亦须连锁控制，即进给运动应在铣刀旋转之后进行，加工结束时，必须在铣刀停转前停止进给。

(二) 电气控制电路

图 9-29 为 X62W 万能铣床电气原理图。图 9-29 中 1～5 号图区为主电路，6～19 号图区为二次电路。二次电路包括控制电路和照明电路。这种机床的动作靠机械结构和电气控制密切配合完成。各相关转换开关、行程开关的工作状态如表 9-1 和表 9-2 所列。

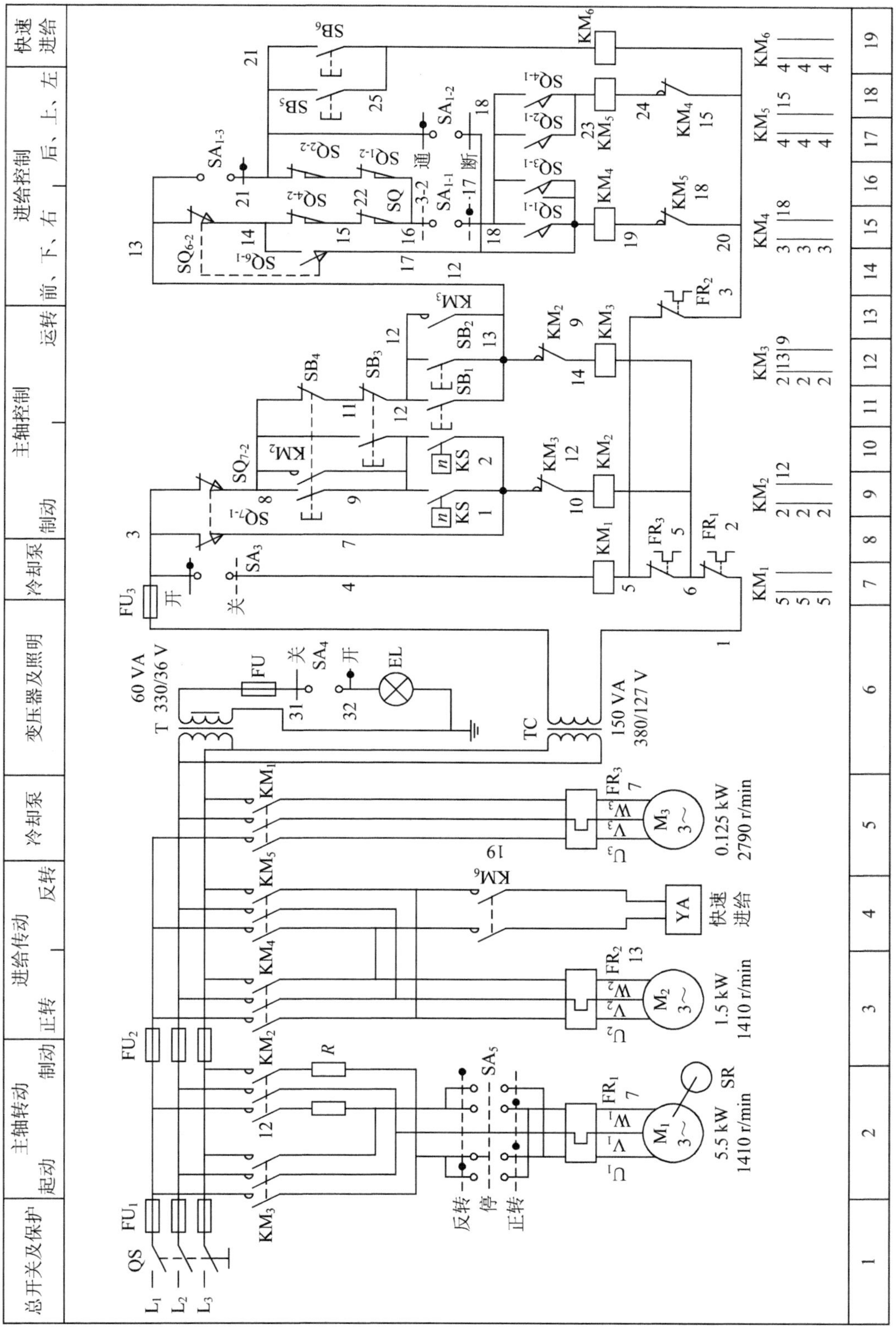

图 9-29　X62 W 万能铣床电气原理图

表 9-1　有关转换开关、行程开关的工作状态

功能开关	手柄位置 / 触点开合	正转(左、前、下)	中间(停)	反转(右、后、上)
主轴换向开关	SA_{5-1}	分	分	合
	SA_{5-2}	合	分	分
	SA_{5-3}	合	分	分
	SA_{5-4}	分	分	合
工作台纵向(左右)行程开关	SQ_{1-1}	分	分	合
	SQ_{1-2}	合	合	分
	SQ_{2-1}	合	分	分
	SQ_{2-2}	分	合	合
工作台升降、横向(前后)行程开关	SQ_{3-1}	合	分	分
	SQ_{3-2}	分	合	合
	SQ_{4-1}	分	分	分
	SQ_{4-2}	合	合	分

表 9-2　圆工作台转换开关工作状态

手柄位置 / 触点开合	接通圆工作台	分断圆工作台
SA_{1-1}	分	合
SA_{1-2}	合	分
SA_{1-3}	分	合

在电气原理图 9-29 中，SA_4 是照明灯开关，SQ_6、SQ_7 分别为工作台进给变速和主轴变速冲动开关，由各自的变速手柄或手轮控制。

1. 主电路

主电路由三台电动机 M_1、M_2、M_3 及其各自的直接供电电路和相关的控制、保护电器组成。其中 M_1 为主轴运转电动机，M_2 为工作台进给运动电动机，M_3 为冷却泵电动机。各电动机的供电电路分别为：

(1) 主轴电动机 M_1：三相电源通过接触器主触点 KM_3 或 KM_2 后移动，由转向选择开关 SA_5 预选转向，再通过热继电器线圈 FR_1 直达 M_1。其中 KM_2 主触点上串联了两相电阻 *R*，并与速度继电器 SR 配合在 M_1 停车时实现反接制动。另外还可通过机械装置和 KM_2 主触点实现变速冲动。

(2) 工作台进给电动机 M_2：三相电源经接触器主触点 KM_4 或 KM_5 和热继电器 FR_2 至 M_2。另外还通过 KM_6 主触点接通快速电磁铁 YA 控制工作台进给速度。KM_6 闭合为快速，分断为慢速。

(3) 冷却泵电动机 M_3：三相电源通过接触器主触点 KM_1 和热继电器 FR_3 至 M_3，完成单向运转，供应冷却液。

2. 辅助电路

由于铣床动作复杂，控制电路及所用电器较多，所以由控制变压器 TC 提供 127 V 控制电路电源。

(1) 主轴电动机的控制：为了加工时操作的方便，主轴电动机的起动和停车操作，可在工作台前面和床身侧面任一地方进行。主轴电动机起动、停车控制过程如下所述。

主轴变速是用机械机构完成的，在 X62W 万能铣床中采用了能集中操纵的孔盘机构，如图 9-30 所示。需要变速时，将变速手柄 8 拨向左边，扇形齿轮 2 带动齿条 3、4 和拨叉 7 使变速孔盘移出，致使与扇形齿轮同轴的凸轮 2 触动变速冲动开关 SQ_7，接着转动变速数字盘 1 至所需转速，再迅速将变速手柄推回原处，当手柄尚未达到终点位置时刻，应减慢推动速度，以便变速齿轮啮合将孔盘顺利推入。在推入孔盘时，

SQ_7又被凸轮触动，在孔盘完全推入到位时，SQ_7复位。如遇到孔盘推不进时，可重新扳回手柄，再推一至二次。

在上述动作中，变速冲动开关SQ_7动作如下：在推动变速手柄过程中，凸轮碰触SQ_7使起动，

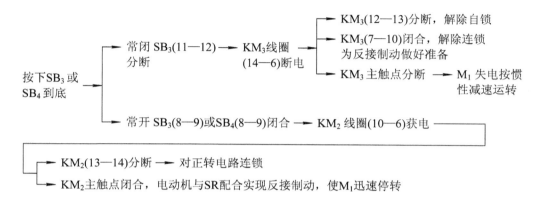

按下SB_1或SB_2 → KM_3线圈(14—6)获电 →
- KM_3 (12—13)闭合自锁
- KM_3 (7—10)分断，对反转接触器KM_2连锁
- 主触点KM_3闭合(SA_5已选定转向处于闭合) → M_1起动运转(同时SR为反接制动做好准备，即KS(9—7)闭合)

停车，

按下SB_3或SB_4到底 →
- 常闭SB_3(11—12)分断 → KM_3线圈(14—6)断电 →
  - KM_3(12—13)分断，解除自锁
  - KM_3(7—10)闭合，解除连锁为反接制动做好准备
  - KM_3主触点分断 → M_1失电按惯性减速运转
- 常开SB_3(8—9)或SB_4(8—9)闭合 → KM_2线圈(10—6)获电 →
  - KM_2(13—14)分断 → 对正转电路连锁
  - KM_2主触点闭合，电动机与SR配合实现反接制动，使M_1迅速停转

SQ_{7-1}闭合SQ_{7-2}分断，接触器KM_2线圈短时通电，电动机M_1完成一次低速冲动，使齿轮啮合。此时由于SQ_{7-2}分断，可使该铣床在运动中也能变速，即扳动变速手柄，SQ_7短时受压，M_1反接制动，转速很快降低，保证了变速的完成。完成变速后随即推回手柄，主轴电动机将按新的转速重新起动。如果M_1过载，FR_1动作，将切除机床全部控制电路，机床全部停转。

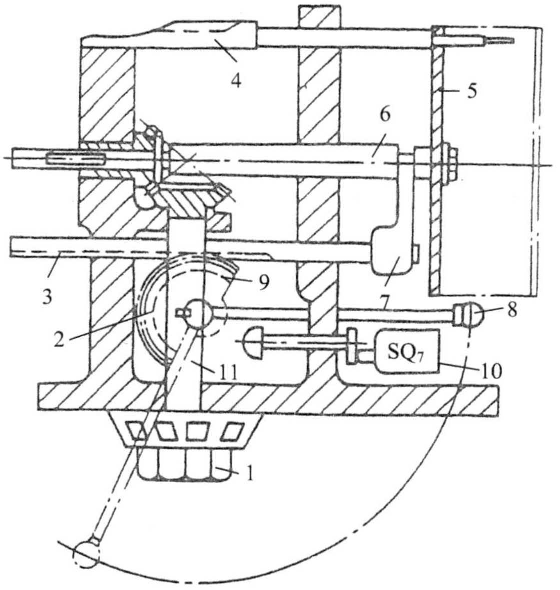

1—变速数字盘；2—扇形齿轮；3、4—齿条；5—变速孔盘；
6、11—轴；7—拨叉；8—变速手柄；9—凸轮；10—限位开关

图9-30　X62W主轴变速操纵机构简图

(2) 进给电动机的控制：进给电动机的正、反转可完成工作台纵向(左、右)、横向(前、后)和上、下的进给动作。

① 工作台的纵向(左、右)移动。该动作由纵向操作手柄控制。操作手柄可停留在左、中、右三个位置，各个位置均有限位开关 SQ_1、SQ_2 配合控制。扳动操作手柄时，一面驱动纵向进给离合器，同时触动 SQ_1、SQ_2，其控制过程如下：

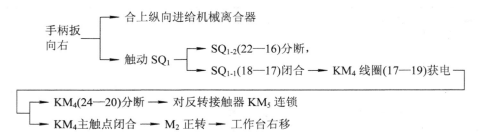

① 工作台向右移动，则

手柄扳向右
- → 合上纵向进给机械离合器
- → 触动 SQ_1
  - → $SQ_{1\text{-}2}$(22—16)分断，
  - → $SQ_{1\text{-}1}$(18—17)闭合 → KM_4 线圈(17—19)获电
    - → KM_4(24—20)分断 → 对反转接触器 KM_5 连锁
    - → KM_4主触点闭合 → M_2 正转 → 工作台右移

电流流向为

$$13 \to SQ_{6-2} \to SQ_{4-2} \to SQ_{3-2} \to SA_{1-1} \to SQ_{1-1} \to KM_4\text{线圈}(17—19) \to KM_5(19—20)$$

注意：此时工作台横向及升降动作操纵手柄应置于中间位置，不使用圆工作台。

停车：将纵向操作手柄扳向中间位置，SQ_1 不受压，SQ_{1-1} 分断，KM_4 线圈失电，KM_4 主触点分断，电动机 M_2 停转。

② 工作台向左移动，则

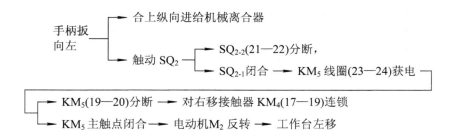

手柄扳向左
- → 合上纵向进给机械离合器
- → 触动 SQ_2
  - → $SQ_{2\text{-}2}$(21—22)分断，
  - → $SQ_{2\text{-}1}$闭合 → KM_5 线圈(23—24)获电
    - → KM_5(19—20)分断 → 对右移接触器 KM_4(17—19)连锁
    - → KM_5 主触点闭合 → 电动机M_2 反转 → 工作台左移

电流流向为

$$13 \to SQ_{6-2} \to SQ_{4-2} \to SQ_{3-2} \to SA_{1-1} \to SQ_{2-1} \to KM_5\text{线圈}(23—24) \to KM_4(24—20)$$

② 工作台的横向(前、后)和上、下(升、降)运动。工作台的这四个动作是通过十字复式操纵手柄来控制的。这种手柄有上、下、前、后和中间零位等 5 个位置。该手柄动作时，通过机械联动机构，合上控制运动方向的机械离合器，同时驱动行程开关 SQ_3 或 SQ_4 动作。SQ_3 控制工作台向下或向前运动，SQ_4 控制工作台向上或向后运动。

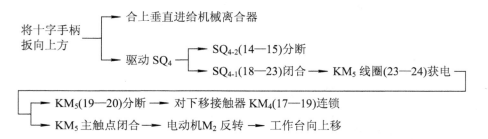

① 工作台向上移动，则

将十字手柄扳向上方
- → 合上垂直进给机械离合器
- → 驱动 SQ_4
  - → $SQ_{4\text{-}2}$(14—15)分断
  - → $SQ_{4\text{-}1}$(18—23)闭合 → KM_5 线圈(23—24)获电
    - → KM_5(19—20)分断 → 对下移接触器 KM_4(17—19)连锁
    - → KM_5 主触点闭合 → 电动机M_2 反转 → 工作台向上移

电流流向为

$$13 \to SA_{1-3} \to SQ_{2-2} \to SQ_{1-2} \to SA_{1-1} \to SQ_{4-1} \to KM_5\text{线圈}(23—24) \to KM_4(24—20)$$

如要停车，只须将十字开关扳向中间位置。欲使工作台向下移动，只要将十字开关扳向下，触动 SQ_3，可使 KM_4 线圈(17—19)获电，M_2 正转，其控制过程与上移相似，读者可自行分析。

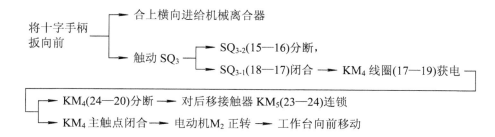

② 工作台向前移动，则

将十字手柄扳向前 → 合上横向进给机械离合器

将十字手柄扳向前 → 触动 SQ_3 → $SQ_{3\text{-}2}$(15—16)分断，

触动 SQ_3 → $SQ_{3\text{-}1}$(18—17)闭合 → KM_4 线圈(17—19)获电 →

→ KM_4(24—20)分断 → 对后移接触器 KM_5(23—24)连锁

→ KM_4 主触点闭合 → 电动机 M_2 正转 → 工作台向前移动

电流流向为

$$13\rightarrow SA_{1-3}\rightarrow SQ_{2-2}\rightarrow SQ_{1-2}\rightarrow SA_{1-1}\rightarrow SQ_{3-1}\rightarrow KM_4\text{线圈}(17—19)\rightarrow KM_5(24—20)$$

工作台向后移的控制过程与此相似，只须将十字手柄扳向“后”的位置，触动 SQ_4，电动机 M_2 反转，即可实现其工作台后移。

工作台的上下、前后进给动作同样有限位保护，其原理与左、右进给动作限位保护相同。

上述 6 个方向的动作均有两种速度，以上是按慢动作分析的结果。如要选择“快速”进给动作，可通过 SB_5、SB_6(21—25)进行点动控制。当按下 SB_5 或 SB_6 时，KM_6 线圈(25—20)获电，使主触点 KM_6 闭合，快速电磁铁 YA 获电，工作台即可按原来的方向快速进给。松开 SB_5 或 SB_6，快速进给停止，工作台仍按原有方向慢速运行。若要在主轴不转的情况下快速进给，可将主轴换向开关 SA_5 置于停止位置，再扳下进给手柄，按下主轴起动按钮和快速进给按钮即可实现。

工作台进给运动的变速冲动控制是为了便于变速齿轮的顺利啮合而设置的。在工作台进给控制电路中设置了瞬时冲动控制环节，且用于工作台停止移动时进行变速。它的变速操作过程是：起动主轴电动机，拉出蘑菇形变速手轮，选定所需进给速度，再把手轮用力外拉，并立即推回原处。在手轮被拉向极限位置瞬间，其连杆机构将推动 SQ_6，令 SQ_{6-1} 闭合，而 SQ_{6-2} 分断，接触器 KM_4 线圈短时通电，M_2 瞬时冲动，促使变速齿轮啮合。此时电流通路为：$13\rightarrow SA_{1-3}\rightarrow SQ_{2-2}\rightarrow SQ_{1-2}\rightarrow SQ_{3-2}\rightarrow SQ_{4-2}\rightarrow SQ_{6-1}\rightarrow KM_4$ 线圈(17—19) $\rightarrow KM_5$(19—20)。

(3) 工作台各个运动方向之间的连锁。为了保证设备的安全，在工作台 6 个方向的运动中，同一时间只允许一个方向运动，而其他方向的运动必须用电气连锁与机械连锁予以控制。其中机械连锁部分有：工作台左、右进给是由纵向操作手柄自身的左、右拨动实现连锁；工作台的前后、上下运动则用十字手柄在四个不同位置实现连锁。而工作台上下、左右、前后六个不同方向的运动之间又加了电气连锁：纵向操作手柄控制的 SQ_{1-2}、SQ_{2-2} 和前、后、上、下十字手柄控制的 SQ_{4-2}、SQ_{3-2} 两者并联实现对 KM_4、KM_5 两接触器线圈的电气连锁。如果两只手柄都扳动，则这两个支路都被 SQ_{4-2}、SQ_{3-2} 分断，使 KM_4 或 KM_5 不吸合而实现连锁，从而保证了在两个手柄同时操作状态中设备的安全。

(4) 圆工作台的操作控制。X62 万能铣床在工作台上安置圆工作台的目的是为了扩大其加工范围。在使用圆工作台时，纵向操作手柄、十字手柄均应置于中间位置。在铣床未起动前，先将圆工作台转换开关扳到“接通”位置，使 SA_{1-2} 闭合，SA_{1-1} 和 SA_{1-3} 分断。再按下主轴电动机起动按钮 SB_1 或 SB_2，在主轴电动机起动后，辅助电路电流通过 $13\rightarrow SQ_{6-2}\rightarrow SQ_{4-2}\rightarrow SQ_{3-2}\rightarrow SQ_{1-2}\rightarrow SQ_{2-2}\rightarrow SA_{1-2}\rightarrow KM_4$ 线圈(17—19) $\rightarrow KM_5$(19—20)使进给电动机 M_2 正转并带动圆工作台单向旋转。其转速仍可用变速手轮调节。由于在该控制电路中串联了 SQ_1、SQ_2、SQ_3、SQ_4 的动断触点，在扳动工作台任何方向的进给手柄时，都将分断其中一个动断触点，使圆工作台停转而起连锁作用。

3. *冷却泵电动机的控制电路*

冷却泵电动机 M_3 的起动与停车受转换开关 SA_3 和接触器 KM_1 的控制。在工件加工中需供应冷却液时，

只要接通 SA_3，KM_1 线圈获电，KM_1 主触点闭合，M_3 得电旋转即可实现冷却液供应。

需要说明的是，冷却泵电动机过载保护 FR_3 有如下功能：当 M_3 过载时，FR_3 动作，分断 FR_3(5—6)，在切断 M_3 控制电源的同时又切断了 M_2 的控制电源。即一旦冷却液停止供应，进给动作随即停止，避免了刀具加工工件时因冷却液供应不上产生高热损坏刀具。

4. 照明电路的控制

该铣床加工工件部位的局部照明是由照明变压器 T 供给 36 V 安全电压实现的。需开启照明灯时，只须将转换开关 SA_4 拨到接通位置即可。

第六节　常用电力拖动与机床电路的安装与维修

前面分析了常用电力拖动基本控制电路、电动葫芦和两种机床电气控制电路的基本结构与动作原理。为熟悉、安装和维修这些电路奠定了基础。本节将叙述上述电路的安装步骤和维修常识。

一、电力拖动基本控制电路安装步骤

电力拖动基本控制电路的安装步骤如下：

(1) 按照图纸整理出元件清单，按所需型号、规格配齐元件，并进行检验，不合格者必须更换。

(2) 按照图纸上元器件的编号顺序、将所用元件安装在控制板上或控制箱内适当位置，在明显的地方贴上编号。

(3) 正确选用导线，首先根据电动机容量和电压选用耐压、载流量和绝缘等级适当的导线连接主电路。再选用铜芯绝缘导线作控制电路连接线。常用的有 BV1 × 1.13 或 BVR7 × 0.45 等型号。

(4) 在去除绝缘层的两端线头附近套上标有与原理图编号相符的套管。

(5) 根据接线桩的不同形状，对线头加工，接牢在接线桩上。

(6) 完成控制板(箱)引出线与其他电气设备之间的线路连接，连线应用金属软管或电线管加以保护。

(7) 对照图纸检查接线是否正确，安装是否牢固，接触是否良好。

(8) 将电气箱体(金属板)、电动机外壳及金属管道可靠接地。

(9) 检测电气线路绝缘是否符合要求，合格后通电试车。

二、电力拖动与机床电路的维修常识

(一) 日常维护

电力拖动电路和机床电路的日常维护对象有电动机，控制、保护电器及电气线路本身。维护中着重检查如下内容：

(1) 检查电动机：定期检查电动机相绕组之间、绕组对地之间的绝缘电阻；电动机自身转动是否灵活；空载电流与负载电流是否正常；运行中的温升和响声是否在限度之内；传动装置是否配合恰当；轴承是否磨损、缺油或油质不良；电动机外壳是否清洁。

(2) 检查控制和保护电器：检查触点系统吸合是否良好，触点接触面有无烧蚀、毛刺和穴坑；各种弹簧是否疲劳、卡住；电磁线圈是否过热；灭弧装置是否损坏；电器的有关整定值是否正确。

(3) 检查电气线路：检查电气线路接头与端子板、电器的接线桩接触是否牢靠，有无断落、松动，腐蚀、严重氧化；线路绝缘是否良好；线路上是否有油污或脏物。

(4) 检查限位开关：检查限位开关是否能起限位保护作用。重在检查滚轮传动机构和触点工作是否正常。

(二) 常见故障的检查与排除

1. 检修前的调查

电路出现故障，切忌盲目乱动，在检修前，应对故障发生情况作尽可能详细的调查。具体方法包括：

(1) 问：询问操作人员故障发生前后电路和设备的运行状况，发生时的迹象，如有无异响、冒烟、火花、异常振动；故障发生前有无频繁起动、制动、正/反转、过载等。

(2) 听：在电路和设备还能勉强运转而又不致扩大故障的前提下，可通电起动运行，倾听有无异响，如有应尽快判断出异响的部位后迅速停止。

(3) 看：看触点是否烧蚀，熔毁；线头是否松动、松脱；线圈是否发高热烧焦；熔体是否熔断；脱扣器是否脱扣等。

(4) 摸：刚切断电源后，尽快触摸检查线圈、触点等容易发热的部分，看温升是否正常。

(5) 闻：用嗅觉器官检查有无电器元件发出高热和烧焦的异味。

2. 检修方法

(1) 根据电路、设备的结构及工作原理查找故障范围。弄清楚被检修电路、设备的结构和工作原理是循序渐进、避免盲目检修的前提。检查故障时，先从主电路入手，看拖动该设备的几个电动机是否正常。然后逆着电流方向检查主电路的触点系统、热元件、熔断器、隔离开关及线路本身是否有故障，接着根据主电路与二次电路之间的控制关系，检查控制回路的线路接头、自锁或连锁触点、电磁线圈是否正常，检查制动装置、传动机构中工作不正常的范围，从而找出故障部位。如能通过直观检查发现故障点，如线头脱落，触点、线圈烧毁等，则检修速度更快。

(2) 从控制电路动作程序检查故障范围。通过直接观察无法找到故障点时，在不会造成损失的前提下，最好切断主电路，让电动机停转。然后通电检查控制电路的动作顺序，观察各元件的动作情况。如某元件该动作不动作，不该动作的乱动作、动作不正常、行程不到位、虽能吸合但接触电阻大或过大、有异响等，故障点很可能就在该元件中。当认定控制电路工作正常后，再接通主电路，检查控制电路对主电路的控制效果。最后检查主电路的供电环节是否有问题。

(3) 利用仪表检查。电气修理中，对线路的通、断，电动机绕组、电磁线圈的直流电阻，触点的接触电阻等，可用万用表相应的电阻挡检查其是否正常；对电动机三相空载电流、负载电流是否平衡、大小是否正常，可用钳形电流表或其他电流表检查；对三相电源电压是否正常，是否一致及对电器的有关工作电压，线路部分电压等可用万用表检查；对线路、绕组的有关绝缘电阻，可用兆欧表检查。

利用仪表检查电路或电器的故障，有速度快、判断准确、故障参数可量化等优点，所以电气维修中，应充分发挥仪表在检查故障中的作用。

(4) 机械故障的检查。在电力拖动和机床电路中，有些动作是电信号发出指令，由机械机构执行驱动的。如果机械部分的连锁机构、传动装置及其他动作部分发生故障，即使电路完全正常，设备也不能正常运行。在检修中，应注意机械故障的特征和表象，探索故障发生规律，找出故障点，并排除故障。

在电力拖动和机床电路中，可能发生故障的线路和电器较多。有的明显，有的隐蔽；有的简单，易于排除；有的复杂，难于检查。在检修故障时，应灵活应用上述几个方面的修理方法，及时排除故障，确保生产的正常进行。检修中注意做好书面记录，积累有关资料，不断总结经验，提高修理能力。

三、机床电路维修实例

在分析电力拖动环节与机床电路维修常识的基础上，为使读者进一步掌握维修技能，现以较复杂的X62万能铣床的电气控制线路为例，分析常见故障的产生原因及排除方法。如果能对X62万能铣床电气控制线路常见故障进行正确分析并予以排除，则对本书所介绍的电力拖动电路和其他机床电路的故障亦不难解决。为了节省篇幅，用表9-3的形式予以表述(参考电路见图9-29)。

表 9-3　X62 万能铣床常见故障分析

故障现象	产 生 原 因	排 除 方 法
主轴电动机不起动	1．控制电路熔断器 FU_3 熔丝烧断 2．主轴换向开关 SA_5 在停车位置 3．按钮 SB_1～SB_4 触点接触不良 4．变速冲动行程开关 SQ_7 动断触点不通 5．热继电器 FR_1、FR_2 动断触点接触不良或分断 6．KM_2 或 KM_3 主触点接触不良	1．更换熔丝 2．拨到已选定方向的运行位置 3．修理或拆换故障按钮 4．修理或拆换 SQ_7 5．修理 FR_1、FR_2 6．检修 KM_2、KM_3 主触点
主轴不能制动	1．速度继电器损坏 2．主轴制动电磁离合器线圈烧毁	1．拆换速度继电器 SR 2．更换该离合器线圈
主轴不能变速冲动	行程开关 SQ_7 移位、撞坏或断线	使 SQ_7 复位，拆换或检修 SQ_7 接线
按停止按钮主轴不停车	1．接触器 KM_2、KM_3 主触点熔焊 2．按钮 SB_3、SB_4 动断触点粘连	1．修理或更换 KM_2、KM_3 主触点 2．检修或更换 SB_3、SB_4
工作台不能进给	1．控制电路熔断器 FU_3 熔丝烧断 2．KM_4、KM_5 线圈开路或主触点接触不良 3．SQ_1～SQ_4 动断触点接触不良、接线松脱 4．热继电器 FR_2 动断触点分断或接触不良 5．SQ_6 动断触点 SQ_{6-2} 接触不良或分断 6．纵向操作手柄或十字手柄操作不到位	1．更换 FU_3 熔丝 2．检修或更换 KM_4、KM_5 3．检修故障行程开关、检查接线端子 4．检修 FR_2 动断触点或更换 5．检修或更换 SQ_6 6．检修两个操作手柄机械连接部分
进给动作不能变速冲动	1．进给变速冲动行程开关 SQ_6 移位、撞坏或接线松脱 2．进给操作手柄不在零位	1．使 SQ_6 复位，检修或更换 SQ_6，检查线路 2．使操作手柄回归零位
工作台不能向上、向后进给	SQ_4 动合触点 SQ_{4-1} 不能闭合	检修或更换 SQ_4
工作台不能纵向进给	SQ_{6-2}、SQ_{4-2}、SQ_{3-2} 动断触点接触不良或分断而不能闭合	检修故障触点或更换故障行程开关
工作台不能快速进给	1．控制电路熔断器 FU_3 熔丝烧断 2．按钮 SB_5、SB_6 触点接触不良或接线松脱 3．接触器 KM_6 线圈烧坏或主触点接触不良 4．快速进给电磁铁 YA 损坏 5．转换开关 SA_{1-3} 损坏	1．更换 FU_3 熔丝 2．检修或更换 SB_5、SB_6，检查相关线路接头 3．更换 KM_6 线圈，检修其主触点 4．更换 YA 5．检修或更换 SA_1

第十章 电 气 识 图

了解电气设备，读图及寻找电气设备故障。

第一节 识 图

结合图 10-1、图 10-2 与表 10-1 的内容，了解电气设备与线路图。

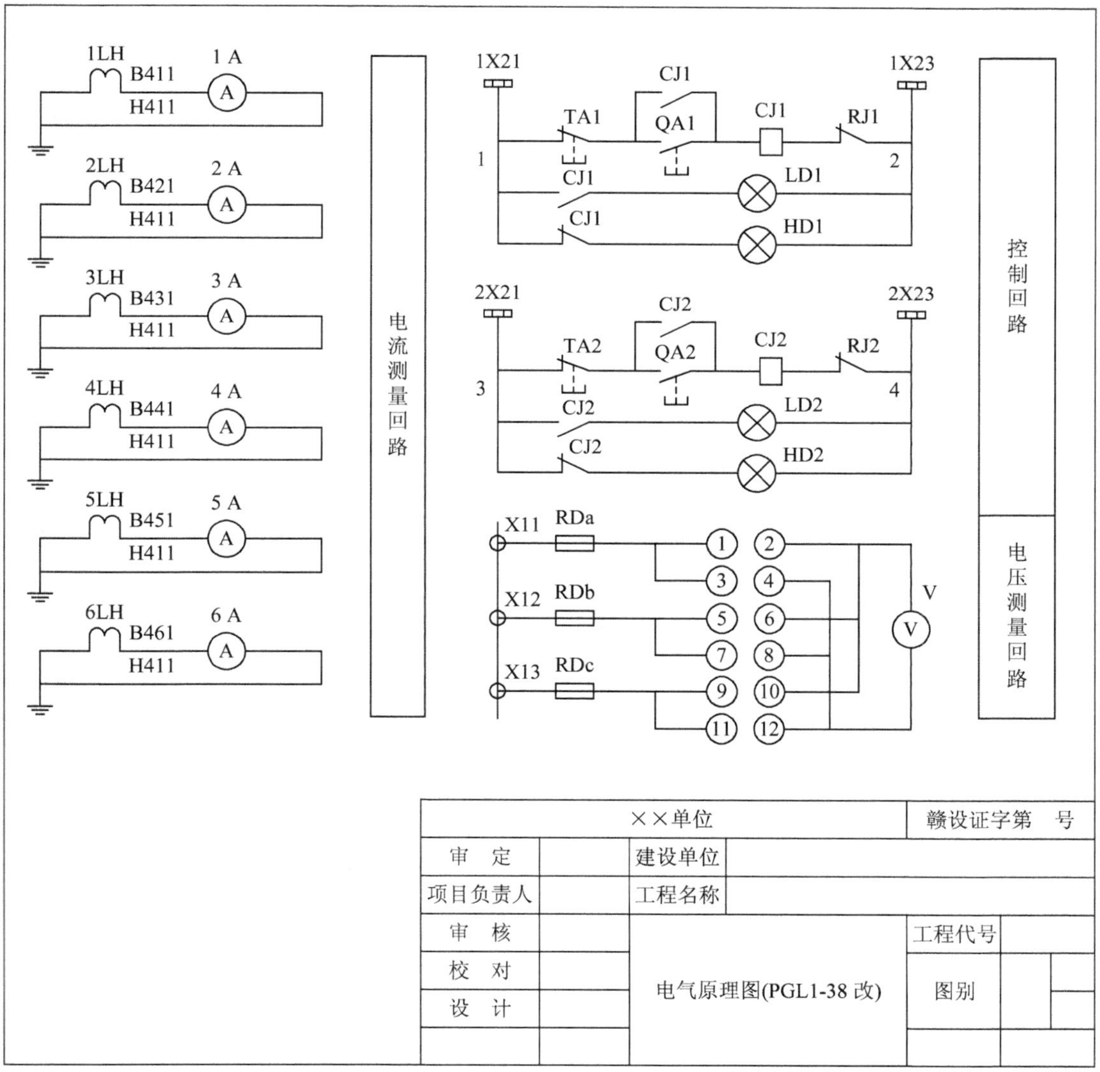

图 10-1 电气原理图

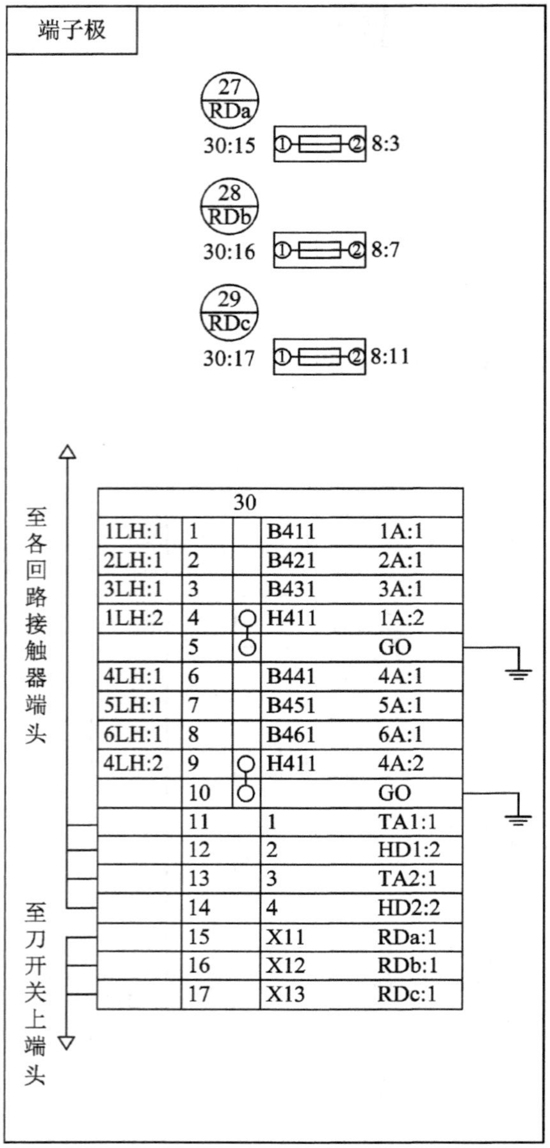
端子板
27
RDa
30:15
8:3
28
RDb
30:16
8:7
29
RDc
30:17
8:11
至各回路接触器端头
30
1LH:1 1 B411 1A:1
2LH:1 2 B421 2A:1
3LH:1 3 B431 3A:1
1LH:2 4 H411 1A:2
5 GO
4LH:1 6 B441 4A:1
5LH:1 7 B451 5A:1
6LH:1 8 B461 6A:1
4LH:2 9 H411 4A:2
10 GO
11 1 TA1:1
12 2 HD1:2
13 3 TA2:1
14 4 HD2:2
15 X11 RDa:1
16 X12 RDb:1
17 X13 RDc:1
至刀开关上端头

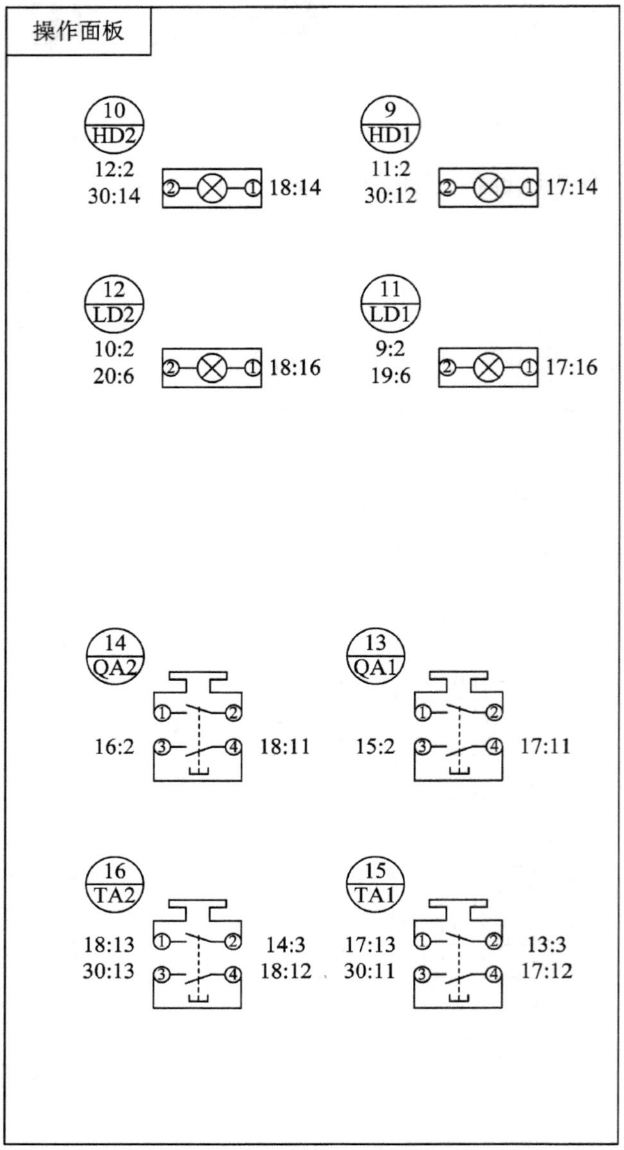
操作面板
10
HD2
12:2
30:14
18:14
9
HD1
11:2
30:12
17:14
12
LD2
10:2
20:6
18:16
11
LD1
9:2
19:6
17:16
14
QA2
16:2
18:11
13
QA1
15:2
17:11
16
TA2
18:13
30:13
14:3
18:12
15
TA1
17:13
30:11
13:3
17:12

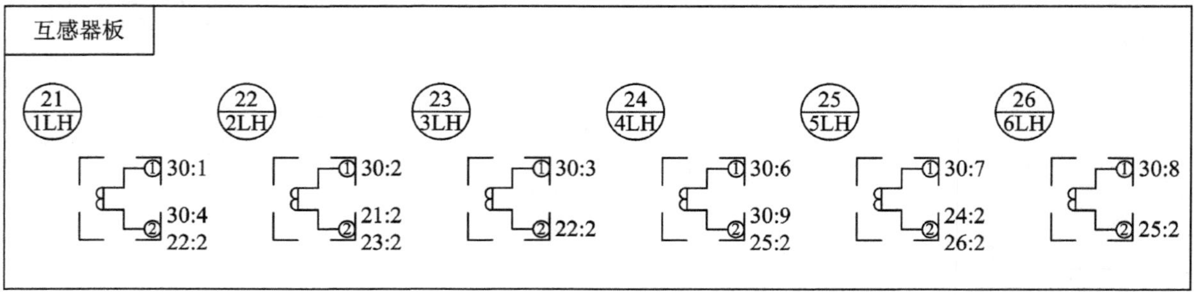
互感器板
21
1LH
30:1
30:4
22:2
22
2LH
30:2
21:2
23:2
23
3LH
30:3
22:2
24
4LH
30:6
30:9
25:2
25
5LH
30:7
24:2
26:2
26
6LH
30:8
25:2

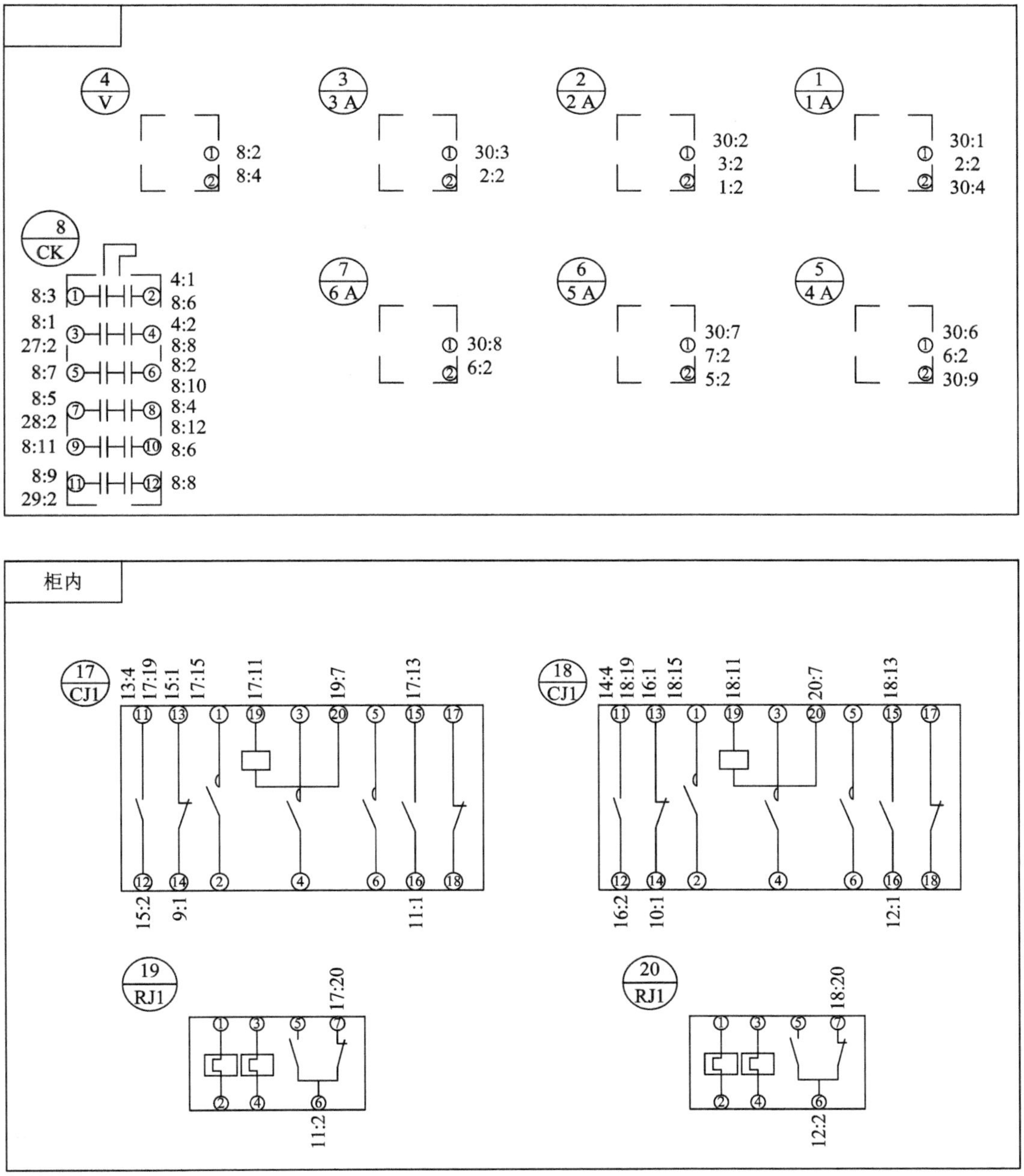

××单位				赣设证字第　号		
审　定		建设单位				
项目负责人		工程名称				
审　核		二次接线图 (PGL1-38 改)		工程代号		
校　对				图　号	施	
设　计						
制　图				日　期		

图 10-2　二次接线图

表 10-1　底压配电屏一次线路二次线路电器设备明细表

二次接线图号			9612006—2		
型号规格			PGL1—38 改	本方案数量	1 台
一次线路及二次线路电器设备	序号	设备名称	代号	规范	数量
	1	自动空气开关	1、2ZK	DZ20Y—100/3300　100A	2
	2	—	—	—	—
	3	闸刀开关	1—2DK	HD13—400/31	2
	4	—	—	—	—
	5	熔断器	—	RT0—100/50	6
	6	—	—	RT1—60/60	6
	7	—	RDa.b.c	RT14　20A	3
	8	—	—	—	—
	9	交流接触器	1.2CJ	CJ20—40/3～380 V	2
	10	—	—	—	—
	11	电流互感器	1.2.4.5LH	LMZ1—0.5　50/5	4
	12	—	3.6LH	LMZ1—0.5　100/5	2
	13	—	—	—	—
	14	交流电流表	1.2.4.5.A	42L1—A　50/5	4
	15	—	3.6A	42L1—A　100/5	2
	16	—	—	—	—
	17	交流电压表	V	42L1—V　0～500 V	1
	18	—	—	—	—
	19	组合转换开关	CK	LW5—15，YH3/3	1
	20	—	—	—	—
	21	热敏继电器	—	JR16—60/3　　63A	2
	22	—	—	—	—
	23	信号灯	1.2HD	AD14 红　～380 V	2
	24	—	1.2LD	AD14 绿　～380 V	2
	25	—	—	—	—
	26	按组	1.2QA	LA2 红	2
	27	—	1.2TA	LA2 绿	2
	28	母线框	—	50×5	2
	29	—	—	—	—
	30	端子	—	TZ1—10S	8
	31	—	—	TZ1—105L	2
	32	—	—	TZ1—10B	2
	33	—	—	TZ1—10	7
	34	—	—	—	—
设计			审核	日期：96.12.09	No:9612006

第二节　CA6163B 型车床故障说明

CA6163B 型车床的主电路由 3 台电动机组成，分别是 1M 主轴电动机，2M 冷却泵电动机，3M 快速进给电动机，如图 10-3 所示。为了保证操作者的安全，控制电路通过控制变压器 TC 与电网隔离。

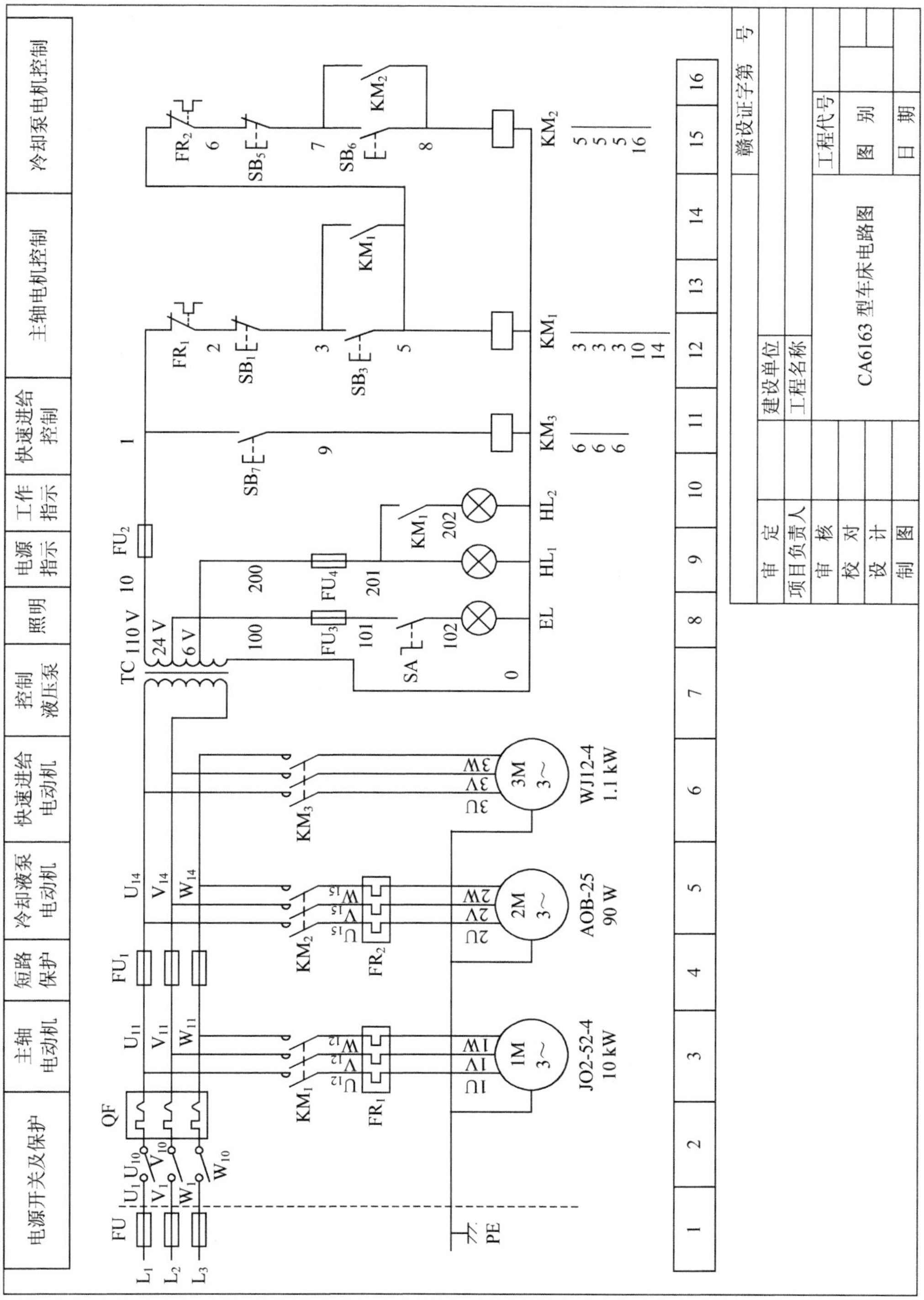

图 10-3　CA6163B 型车床电路图

本考核装置对 CA6163 车床设置了 12 个故障点。分别如下：

(1) 故障开关串联在 1M 主轴电动机的供电的一根相线上，断开(1)，则 1M 缺相，1M 无法正常运行。

(2) 故障开关串联在 2M 冷却泵电动机的一根相线上，断开(2)，则 2M 缺相，2M 无法正常运行。

(3) 故障开关串联在 3M 进给电动机的一根相线上，断开(3)，则 3M 缺相，3M 无法正常运行。

(4) 故障开关串联在控制变压器 TC 的供电相线上，断开(4)，则无法供电，控制电路不能得电，整个电路无法工作。

(5) 故障开关串联在 TC 的副边公共端上，断开(5)，控制电路不能得电，整个电路无法工作。

(6) 故障开关串联在控制变压器副边 110 V 到控制电路间，断开(6)，则控制电路无法得电，主电路无法工作，电机无法运转。

(7) 故障开关并联在快速进给点动按钮 SB_7 的常开触点上，闭合(7)，则整机电路一上电，3M 即自行连续运转。

(8) 故障开关串联在 SB_1 的常闭触点和 SB_3 常开触点之间，断开(8)，主轴电机 1M 和冷却泵电动机 2M 皆无法启动。

(9) 故障开关串联在 KM_1 的自锁常开触点处，断开(8)，则主轴电机 1M 只能点动，不能连续运转。

(10) 故障开关串联在 KM_2 交流接触器的控制电路上，断开(10)，冷却泵电动机 2M 无法启动。

(11) 故障开关并接在冷却泵电动机的停止按钮 SB_5 上，闭合(11)，则冷却泵电动机无法停车。

(12) 故障开关并接在 2M 的启动按钮 SB_6 上，闭合(12)，如启动主轴电动机后，冷却泵电动机 2M 自行启动，不受 SB_6 控制。

参 考 文 献

[1] 苏景军. 安全用电. 北京：中国水利水电出版社，2004 年 8 月.
[2] 《职业技能鉴定教材》.《职业技能鉴定指导》编审委员会. 维修电工. 北京：中国劳动出版社，2003 年 8 月.
[3] 徐耀生. 电气综合实训. 北京：电子工业出版社，2003 年 3 月.